给小朋友们的话：

岩石和矿物在普通人看来是冰冷的、坚硬的，在岩矿迷的眼中它们却是精彩的、生动的。作为自然界中的常见事物，认识岩石、收集岩石不仅是孩子们亲近自然的一种方式，更是培养他们科学精神的启蒙课程。本书恰好可以作为孩子们的一本自然启蒙教材。

书中不仅用精致的图画和科普化的文字向孩子们介绍了常见的岩石、矿物和宝石，而且可以引导孩子们去野外收集岩石、矿物和宝石，还可以指导孩子们通过简单的实验来探索其中的道理。走进这本书，走进岩石矿物的世界，走进大自然，你会收获不一样的精彩。

周艳
中国地质博物馆高级工程师
国家注册珠宝玉石质量检验师
国土科普基地管理办公室副主任

儿童
宝石圣典

矿物与岩石视觉图鉴

[美]德温·丹尼/著　尹超　高源/译

電子工業出版社
Publishing House of Electronics Industry
北京·BEIJING

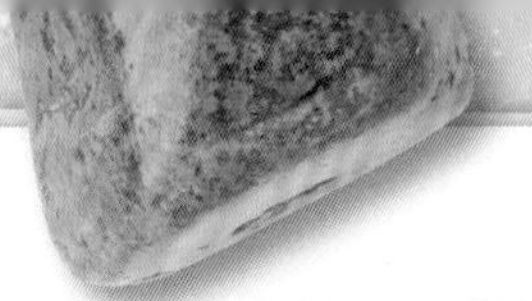

DK Penguin Random House

Original Title: My Book of Rocks and Minerals: Things to find, collect, and treasure!

版权贸易合同登记号 图字：01-2018-4651

图书在版编目（CIP）数据

DK儿童宝石圣典. 矿物与岩石视觉图鉴 /（美）德温·丹尼（Devin Dennie）著；尹超，高源译.--北京：电子工业出版社，2019.4

ISBN 978-7-121-34970-6

Ⅰ.①D… Ⅱ.①德… ②尹… ③高… Ⅲ.①矿物－儿童读物 ②岩石－儿童读物 Ⅳ.①P5-49

中国版本图书馆CIP数据核字（2018）第201424号

策划编辑：苏 琪
责任编辑：苏 琪 特约编辑：刘红涛
印 刷：惠州市金宣发智能包装科技有限公司
装 订：惠州市金宣发智能包装科技有限公司
出版发行：电子工业出版社
北京市海淀区万寿路173信箱 邮编：100036
开 本：787×1092 1/16 印张：6 字数：187.15千字
版 次：2019年4月第1版
印 次：2024年9月第14次印刷
定 价：68.00元

凡所购买电子工业出版社图书有缺损问题，请向购买书店调换。若书店售缺，请与本社发行部联系，联系及邮购电话：（010）88254888，88258888。

质量投诉请发邮件至zlts@phei.com.cn，盗版侵权举报请发邮件至dbqq@phei.com.cn。

本书咨询联系方式：（010）88254161转1865，dongzy@phei.com.cn。

FSC www.fsc.org 混合产品 纸张｜支持负责任林业 FSC® C018179

www.dk.com

目录

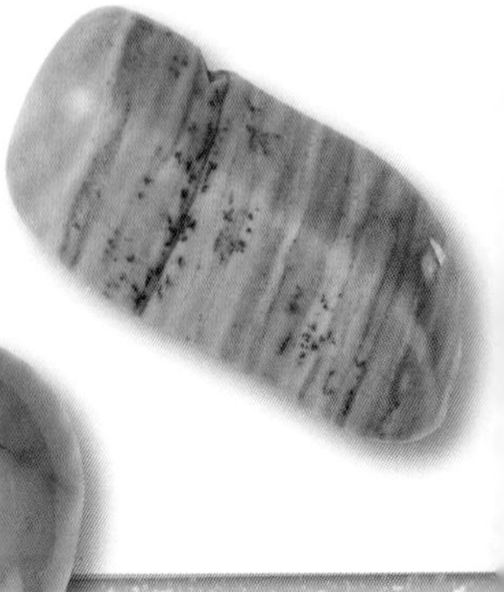

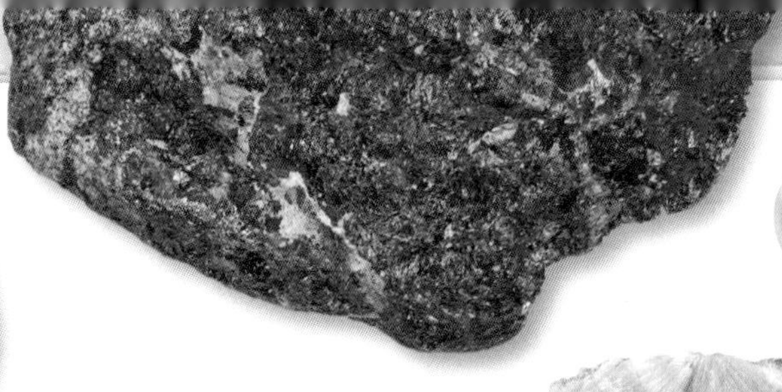

注 意

在手持矿物和岩石标本时要格外小心，并且千万不要放进嘴里。

岩石还是矿物

矿物是组成岩石的基本单位。矿物本身由不同的化学物质构成，每种矿物都有自己的结构和晶形。当两种或多种矿物组合在一起时，我们就称之为岩石。

矿物

每种矿物通常有自己的晶形，例如紫水晶的晶体就像一座座小型的金字塔。

紫水晶

紫水晶实际上就是紫色的石英。此外，也有无色透明的石英，称为水晶。

如何区分不同的矿物

每种矿物都有自己独特的性质，例如颜色、结构。通过这些性质，我们可以区分不同种类的矿物。要识别岩石的种类，首先要观察其中包含的各种矿物及矿物间的组合排列形式。

岩石

拿到一块辉长岩标本，你可以清晰地看到它由白色和黑色两种矿物组成。

辉长岩

辉长岩是一种粗粒的岩石。里面的矿物晶体足够大，肉眼清晰可见。

何为宝石

一块高价值（美丽、持久耐磨且稀少）的矿物或岩石就是宝石。其价值的高低取决于其稀缺性、颜色及晶形的完好程度。宝石通常被抛光和切割，做成我们佩戴的珠宝首饰。

经过打磨切割的宝石能够借助光线的反射和折射变得璀璨夺目、熠熠生辉。

切割后的蓝宝石

抛光的玉髓

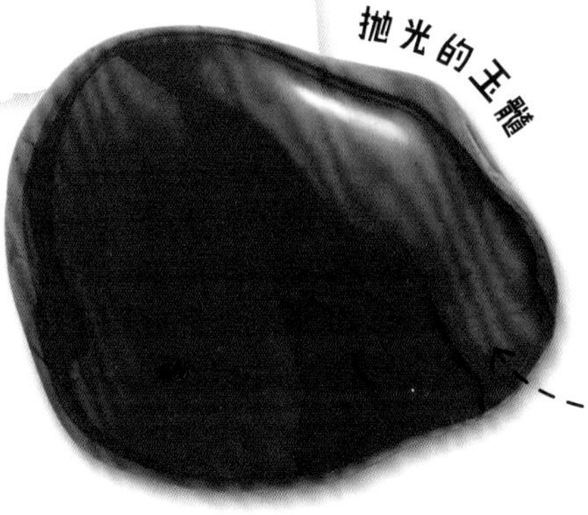

宝石一般通过砂轮进行打磨抛光，从而变得亮闪闪的。

岩矿迷

如果你喜欢收集岩石和矿物，你可以试着成为岩矿迷。岩矿迷们将收集岩石和矿物标本作为自己的爱好。

岩石和矿物有各种颜色，可以说涵盖了彩虹中的各种颜色。

到哪里寻找宝贝

岩石和矿物随处可见，因此想要收集并不难，只要走出户外就可以搜寻。你可以到附近岩层露头的地方寻找，或者在当地的地质博物馆及岩石矿物博览会观赏或购买，还可以去专门销售此类商品的商店购买。有些地方还有专门的岩矿俱乐部可以加入。

南非是世界上出产高价值矿物宝石最多的地方。

岩矿俱乐部或博览会

加入一个岩矿俱乐部或者参观一个博览会，你可以学到很多收藏的知识。你可以获取各种各样的信息，例如某种特定种类的岩矿去哪里寻找等。

美国亚利桑那州图森市举办的矿物宝石博览会。

河岸边和山脚处是搜寻矿物和岩石的好地方。

走到户外去搜寻

最经济的收集方式是自己亲自去户外搜寻，在公园里、乡村间，你无法预知你会捡到什么宝贝。

商店

在矿石商店，你可以买到高品质的宝石，也可以买到经抛光的岩石和矿物标本。在购买时一定要辨别这些标本是不是经过人工后期染色的。如右图展示的达尔马提亚岩就被人为染色了。

白色的达尔马提亚岩

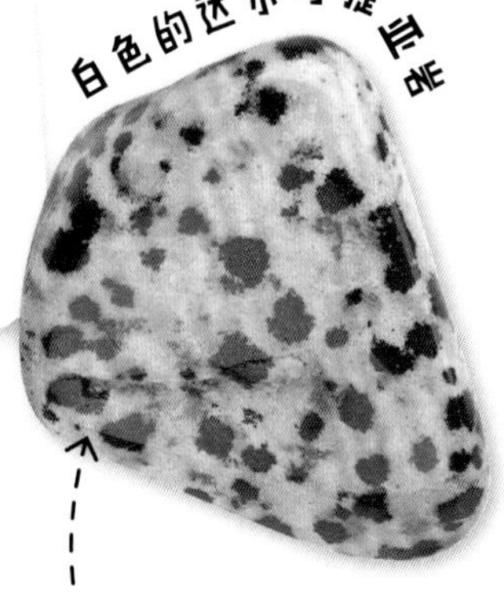

纯正的达尔马提亚岩是白色的，经过染色可以出现斑点。

玛瑙

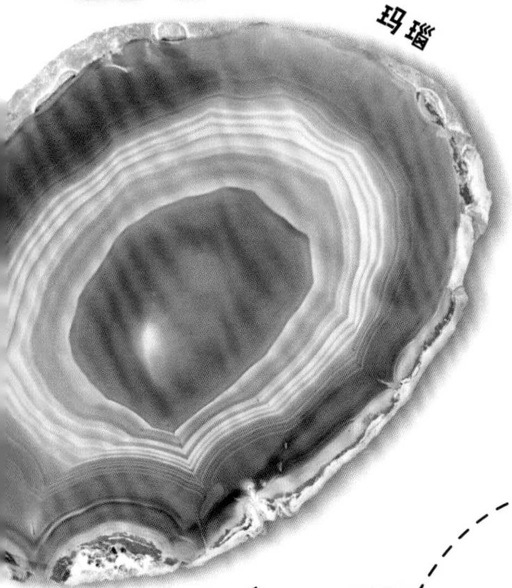

硼钙石通常为白色，内部会有灰色的条纹，但是经染色后，会呈现蓝色。

硼钙石

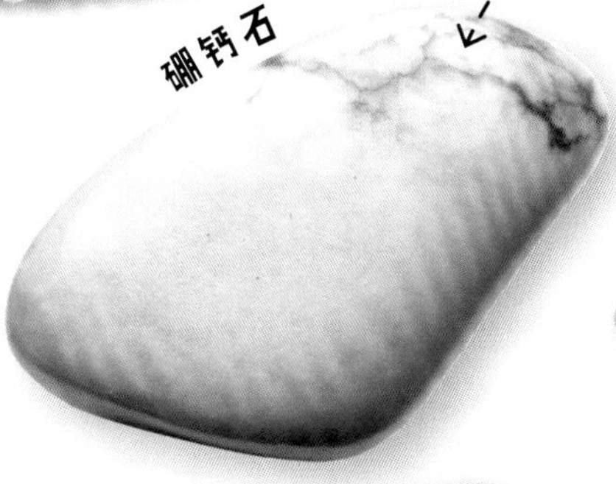

玫瑰色水晶

黄色的达尔马提亚岩

日光石

蓝色的达尔马提亚岩

这块达尔马提亚岩被染成了蓝色，这是为了使其色彩更加鲜艳。

安全是第一位的！

岩石和矿物固然是不错的收藏品，但是拿放标本时一定要小心。虽然通常来说并不会真有危险，但是接触后一定要洗手，同时也要注意其锋利的边缘。

菱锰矿

一定要记住，触碰这些岩石和矿物后一定要洗手：
煤炭、页岩、青金石、天青石、赤铁矿、天河石、方铅矿、方钠石、孔雀石、硼矿、蓝铜矿、蔷薇辉石、菱锰矿。

小心这些岩石或矿物锋利的边缘：
石英、燧石、石灰岩、角岩、黑曜石、黄铁矿、电气石、玉髓。

黑曜石

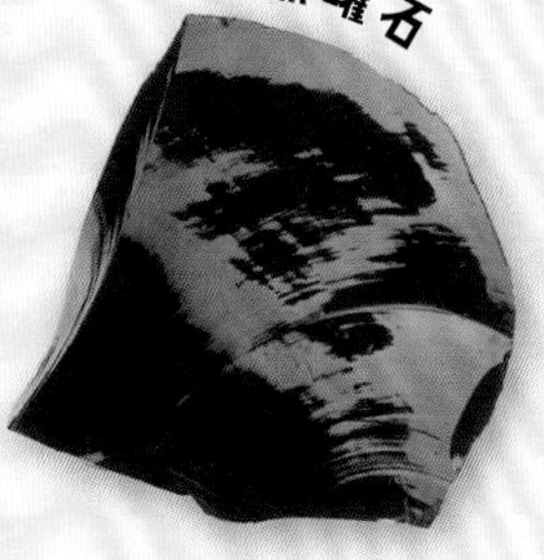

云母

千万不能吸入这些岩石或矿物的粉末：
火山灰、浮石、天河石、云母、玉髓、虎睛石。

采掘岩石和矿物

岩石和矿物通常被埋在地表以下，要找寻并获得它们，就需要采掘。当然，部分岩石和矿物已露出地表，我们可以直接切割获取，但在很多情况下，只有挖一条深入地下的巷道，建设一个矿点，才能获取有用的矿产资源。

采石场一般设在岩石露头所在地，在这里，我们可以一块块地将岩石切割下来。
这些大块的大理岩将被切割成更小的块状或薄板状。
这种重型机械用来运移大块石材及清理那些开采剩下的碎块（也就是矿渣）。

你知道吗？
仅仅1立方米的大理岩就重达2 700千克。

位于意大利的这处大理岩采石场已经有几千年的开采史了。

这种大型机械用来将大块的大理岩切割成更小的块状或薄板状。

挖宝

人们开采岩石和矿物的原因有很多。一些岩石可以作为建筑材料，一些矿物含有铁、铜等金属元素，当我们将这些有用的元素和物质提炼出来以后就可以制造各种东西了。一些漂亮的岩石和矿物可以当作宝石来出售。

人们开采这种板岩就是为了做建筑材料，例如瓦和屋顶。

板岩

孔雀石含有丰富的铜元素，常被用来炼铜。铜常被用来制作电线。

孔雀石

像红宝石（红色刚玉）这样的珍贵矿物被开采出来后会被切割成不同的形状，用来制作珠宝。

红宝石

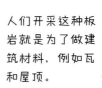

采集的工具

岩矿迷们一般会随身携带一些工具到野外进行采集。这些工具有的用来保证采集活动的安全，有的则用来帮助我们将采集的标本带回家。

笔刷

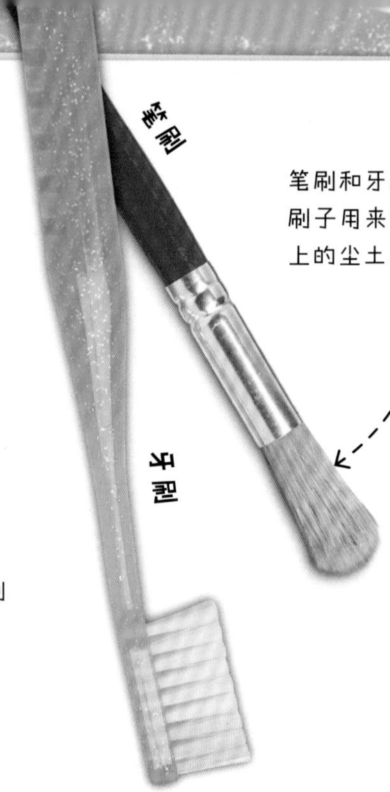

笔刷和牙刷这类毛刷子用来清除标本上的尘土。

牙刷

牙签和筷子可以用来刷除标本上的污垢。

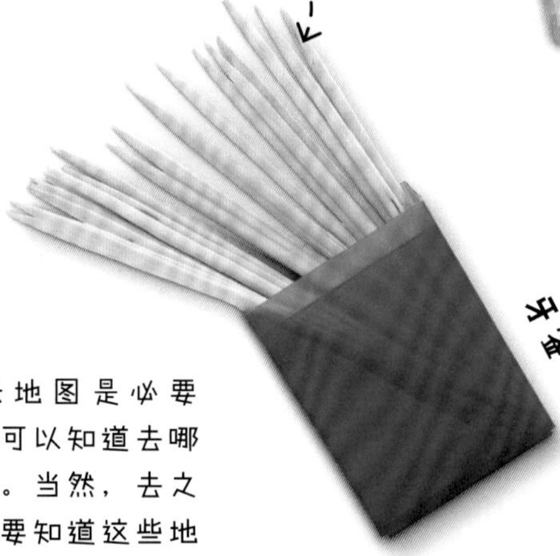

牙签

地图

带一张地图是必要的，你可以知道去哪里采集。当然，去之前一定要知道这些地区是否允许你进入。

罗盘

罗盘是用来测定方位的，使你能够按照图中的路线行进。

桶是采集活动中具有多种功能和用途的工具，可以用来盛放各种采集工具、将松散的岩石分类及盛放将要带回家的标本。

桶

盛放鸡蛋的包装盒可以用来收集细碎小块的标本。

鸡蛋盒

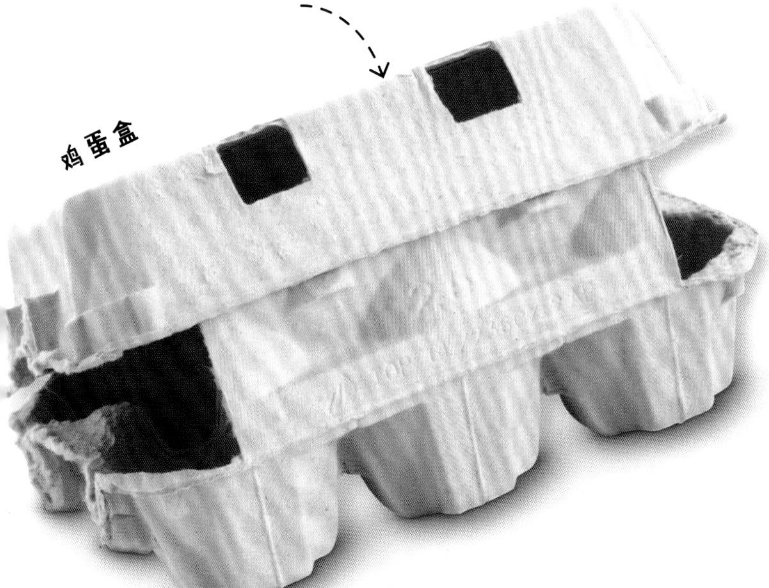

带上一卷厨洁纸，用来包裹采集的岩石和矿物标本，保证运输安全。

厨洁纸

保障安全

外出采集时一定要带好所有装备和给养，用于采集、安全防护等的必需品一定不要落下。对于未成年人来说，通常要有一个成年人陪同前往。

一个旅行双肩背包可以用来盛放工具、给养及采集的标本。

要提前观察天气情况，如果阳光强烈，记得带上防晒霜；如果气温偏低，记得带上保暖的衣服。

带上水和小吃，随时补充能量。

在采集时最好带上头盔，防止被落石砸伤。

在蹲下挖宝贝的时候戴上护膝会让你的腿更舒适。

搜寻
岩石标本

到野外搜寻岩石和矿物标本是一项类似勘探侦察的工作，这也是收藏的魅力和价值所在。找到采集的合适地点，并获得采集的许可是第一步，接下来要做的就是开始搜寻了。

注意！

进行户外岩矿标本采集时，安全是第一位的，特别是对于未成年人来说，需要遵守以下几点：

- 要始终有一个成年人陪同。
- 在峭壁和陡坡下作业时，随时注意上方的落石。
- 千万不要进入矿井和采石场。
- 不要在车来车往的公路边收集。
- 注意是否有危险的野生动物出没。
- 不要试图移动重的巨石。
- 在海边收集时注意潮水，特别是涨潮时。

选择合适的地点

在去户外前要做一些功课——查阅资料，你将了解到你可能收集到什么样的标本。你不必去太远的地方搜寻，如花园或者海滩都是可以寻获标本的地点。为了安全，一定要有一个成年人陪同。

你可以在自家的花园中发现岩石标本，但是你可能需要通过挖土来进行搜寻。

在海边，海浪会把埋在沙土中的岩石、矿物和化石翻出来。

溪流旁是搜寻各种矿物，特别是粗粒矿物（如石英）的好地方。在这里，你尤其要注意那些光滑的岩石。

清洗标本

你刚刚收集到的标本可能并不太好看，你要将标本上的泥土清洗掉。只需要一块海绵、一小盆肥皂水及一把刷子，就可以将标本上的污物清洗干净。

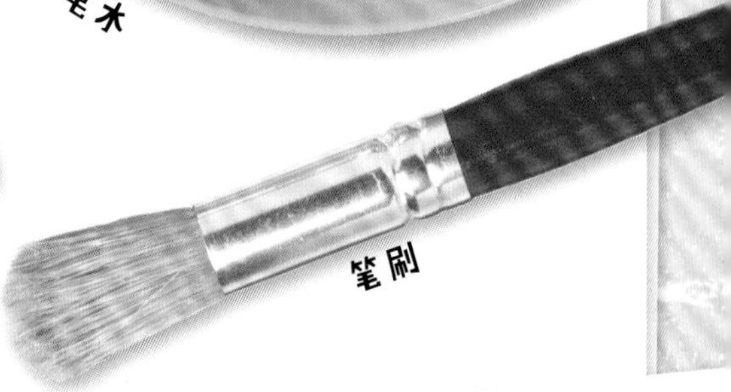

清洗后的标本需要晾干才能观察，因为湿的标本和干的标本会呈现不同的颜色。

有时候你会看到岩石中保存有化石或矿物晶体，此时你就要借助放大镜来观察。

仔细观察

将标本清洗干净后，你可以对标本进行仔细观察，看看是不是你需要收集的。对于要带回家的标本一定要有所取舍，因为岩石和矿物背起来很沉。

开始你的收藏

如果你对岩石和矿物着迷，建议你现在就开始自己的收藏。在聚会的时候，你可以把最喜爱的标本向亲朋好友们展示，让他们共同分享你的喜悦。

你知道吗？一个博物馆能够收藏、展示几十万乃至上百万件岩石和矿物标本。

让你的藏品得到最好的保存

你收藏的岩石和矿物标本不仅好看或者稀有，而且有故事，例如它们是在一次难忘的旅行中收集的。将标本带回家后，你需要做不少工作来使得你的藏品得以更好地保存。

一些岩石或矿物具有特殊的性质，例如磁性。你可以向朋友们展示你收藏的岩石或矿物能够吸附曲别针，这会让他们感觉十分惊奇。

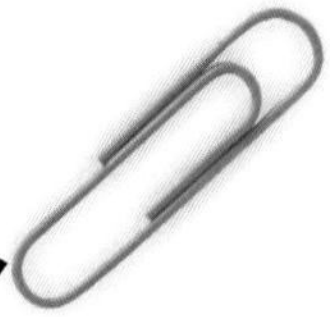

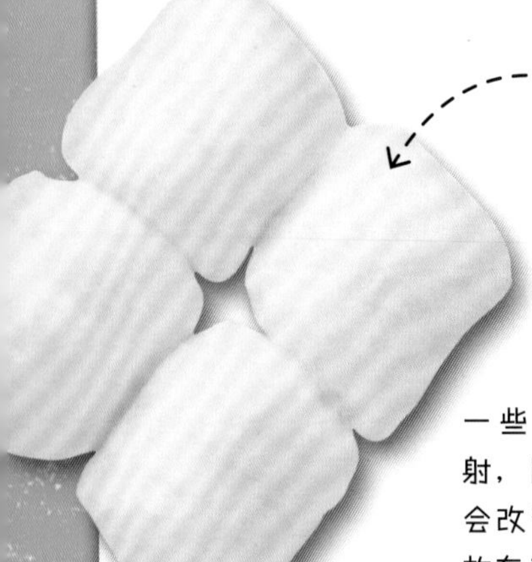

一些矿物，例如岩盐需要保存在干燥的环境中。因此在其旁边放上一些棉球会起到吸湿的作用。

一些矿物要避免被阳光直射，因为在阳光下它们可能会改变颜色，因此需要将其放在布兜中保存。

你可以用一个带盖子的蛋糕盒展示你的收藏品。

盒盖为一块透明塑料

你可以在标本格子中垫上棉布和棉球，防止标本来回移动、碰撞而导致其破损，也可以防止部分矿物潮解。

你可以用纸杯或者硬纸板做成一个个标本格子。如果你需要更宽的格子，可以将两个纸杯剪开，然后用胶水将其粘在一起。

什么是岩石

岩石的形成有些类似于沙拉。就像沙拉里有多种水果和蔬菜一样，岩石是矿物的集合体。此外，里面还可能有生命的遗存。岩石种类成千上万，但是都会被归到三大类中。每一大类的岩石成因与其他两大类完全不同。

岩浆岩
是三大岩类中种类最丰富的。

岩浆岩

岩浆岩是来自地球深部的炽热、熔融的岩浆冷凝形成的。火山喷发是岩浆岩形成的重要途径。当然，也有的岩浆岩是侵入到地下不同深度的岩浆冷凝形成的。

花岗岩中的矿物是在岩浆冷却时结晶形成的。

最古老的岩石

目前地球上发现的最古老的岩石是在澳大利亚发现的一些变质岩。经过锆石测年，这些岩石至少有44亿年的历史。

沉积岩

沉积岩是沉积物埋藏在一起形成的。所谓沉积物，是细小的岩石碎屑、生物遗体等。这些碎屑物是母岩受到流水、风、冰等外力作用破碎后形成的。

岩石是如何形成的

地球内部分为很多圈层。在岩石圈的下面由于温度很高，那里的物质为熔融状态的岩浆，称为软流圈。当软流圈中的岩浆向地表侵入或者经火山喷出地表，经过冷凝后，新的岩石就形成了。

石灰岩

化石是远古生命的遗存。图中所示是菊石的壳化石，当菊石死亡后，其坚硬的壳被淤泥掩埋，经过漫长的时间，这些壳就成为了镶嵌在岩石中的化石。

如果将地球从中间切开，你会发现地球内部是分层的。

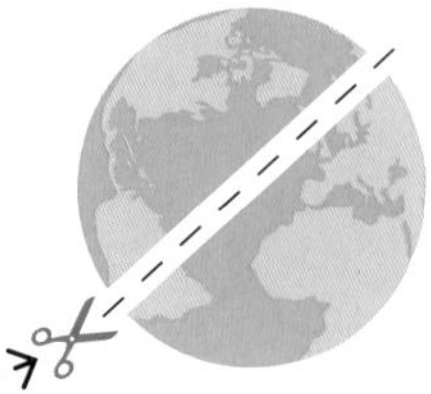

地球最外层的固体圈层是地壳。

火山是岩浆从地球内部喷出地表的通道。

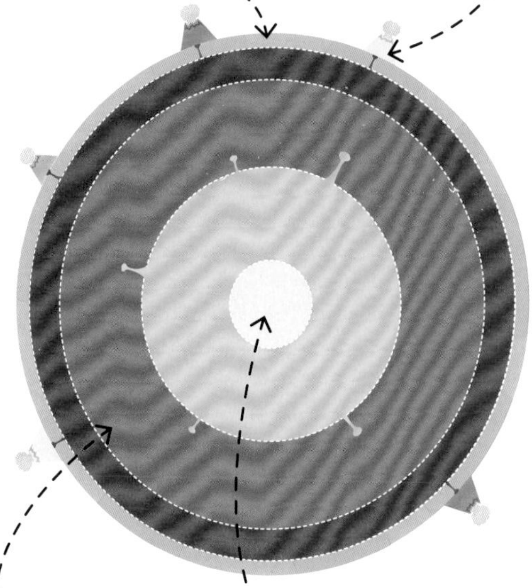

地壳下部为地幔，分为上地幔和下地幔。这里的温度很高，在上地幔的上部有一层软流圈，岩石处于熔融状态，也就是岩浆。

地球的最内部圈层是地核，分为外核与内核，内核为固态金属物质，而外核可能为液态金属物质。

变质岩

当原岩受热或受到挤压后，组成岩石的矿物发生了重结晶或者因为交代作用而生成了新的矿物，这时一种新的岩石就形成了，这就是变质岩。

大理岩

大理岩是石灰岩或白云岩受到挤压或受热后变质形成的。

岩石的循环

你知道吗？地球最外层的固体圈层——地壳也像拼图玩具一样可以分成大大小小不同的板块。

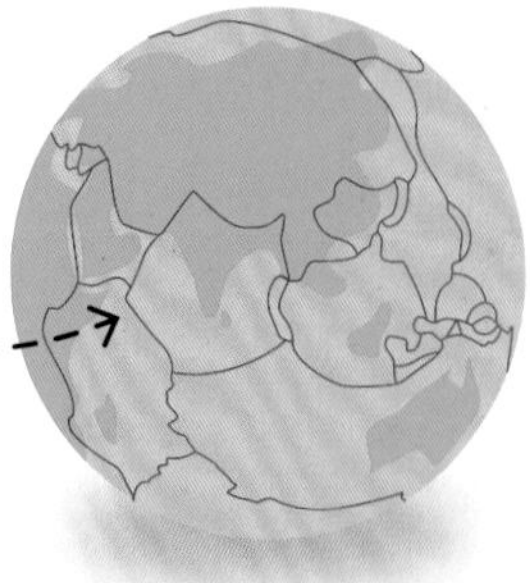

地球上的每一块岩石也有其生命周期，我们称之为岩石的循环。每块岩石的生命周期是从其形成一直到转化成另一种岩石的过程。一块岩石的生命周期很长，我们需要等待很长时间。但是如果我们用蜡笔代替组成岩石的物质去做实验，就能很快了解岩石之间是怎样转化的了——要知道将蜡熔化所需要的温度要远远低于将岩石熔化的温度。

用蜡笔材料制作成的沉积岩模型。

将蜡笔材料制成的层状模型压在一起，你就知道沉积岩层是怎样形成的了。

用研磨工具将蜡笔磨成碎屑。这是在模拟自然界的风化作用将母岩变成松散的沉积物。

风化作用可以切割地表，形成岩层露头，也就是剖面。我们可以看到成层的岩层。

剥蚀作用

流水、风及冰川会使母岩破碎，这称为剥蚀作用，使得岩石变成细小的颗粒，即沉积物。这些沉积物会被河流冲走带入海洋，在海底一层层沉积下来，形成沉积岩层。随着时间的推移，沉积物一层层地覆盖上，并且压实、固结，形成新的沉积岩。

板块间的相互作用

地壳被分割成几个部分，称为板块。板块不断运动，经过挤压、拉伸及平移，会产生热能和压力，正是这种热能和压力能够改变岩石的结构及矿物成分，将原来的岩石变成变质岩。

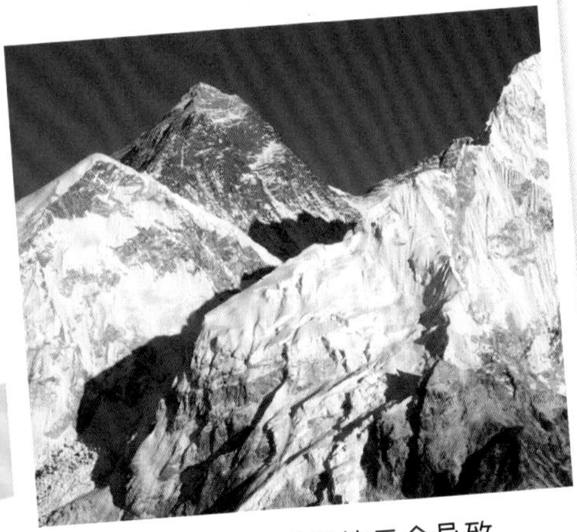

板块之间的相互挤压会导致山脉的形成。

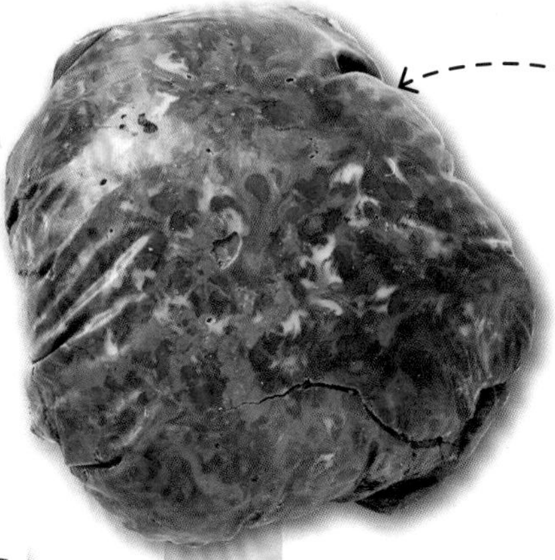

将蜡笔材料制作成的沉积岩模型加热，然后挤压，就会发现不同颜色的岩层混在一起，这便是一个变质岩的模型。

蜡制的变质岩模型

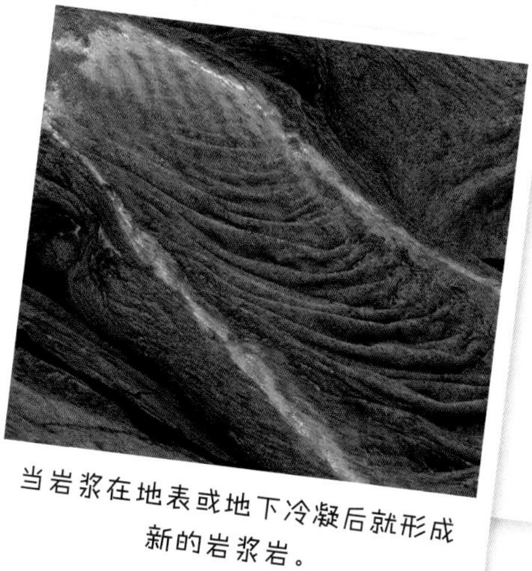

当岩浆在地表或地下冷凝后就形成新的岩浆岩。

熔融

当岩石被埋藏得很深，受到地球内部的热能加热，变成熔融状态或液态，就是岩浆。当岩浆侵入或喷出地表，逐渐冷却凝固，就会形成坚硬的岩浆岩。

蜡制的岩浆岩模型

将变质岩模型加热，使其完全熔化，然后让其冷却凝固，此时一个蜡笔材料的岩浆岩模型就做成了。

你知道吗？一些花岗岩早在42亿年前就形成了，至今仍然在等待其岩石周期的结束。

花岗岩

花岗岩是一种坚硬的岩石，它是地壳深部岩浆缓慢冷凝形成的一种岩浆岩。花岗岩是大陆地壳最重要的岩石构成类型。花岗岩在日常生活中很常见，它是铺路、铁路路基及建筑的重要石材。

花岗岩含有一些浅色的矿物，如长石、石英、云母。

长石

石英

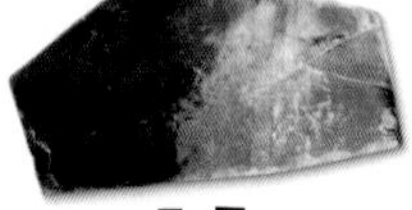

云母

花岗岩中的矿物晶体较大，肉眼很容易辨别。

随着时间的推移，花岗岩受到风化作用的影响会碎裂，形成大量的石英砂。这些砂子构成了海边的沙滩。

不朽的力量

花岗岩是制作纪念碑、雕塑的优质石材。美国南达科他州的拉什莫尔山的花岗岩质峭壁上就雕凿有4位伟大的美国总统的雕像。

美国总统山（拉什莫尔山）

黑曜石

黑曜石其实是一种火山玻璃。当火山剧烈喷发时，岩浆遇到空气和水会迅速冷凝。由于冷凝速度快，未能够结晶，故形成了玻璃质的火山喷出物。因此，从严格意义上讲，黑曜石不是由矿物组成的，但还是将其归为岩石的一种。

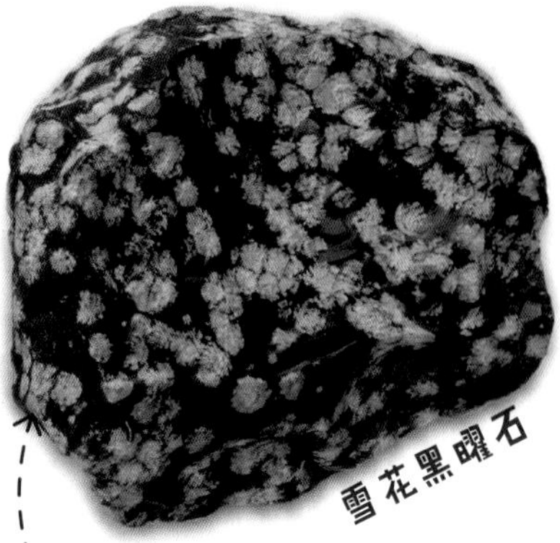

有的黑曜石含有点状的白色矿物，很像雪花，因此被称为雪花黑曜石。

当黑曜石裂开后，其断面很像弯曲的贝壳，这就是贝壳状断口。

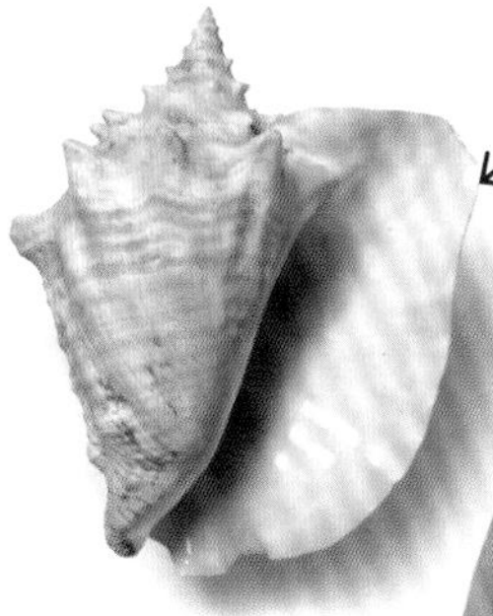

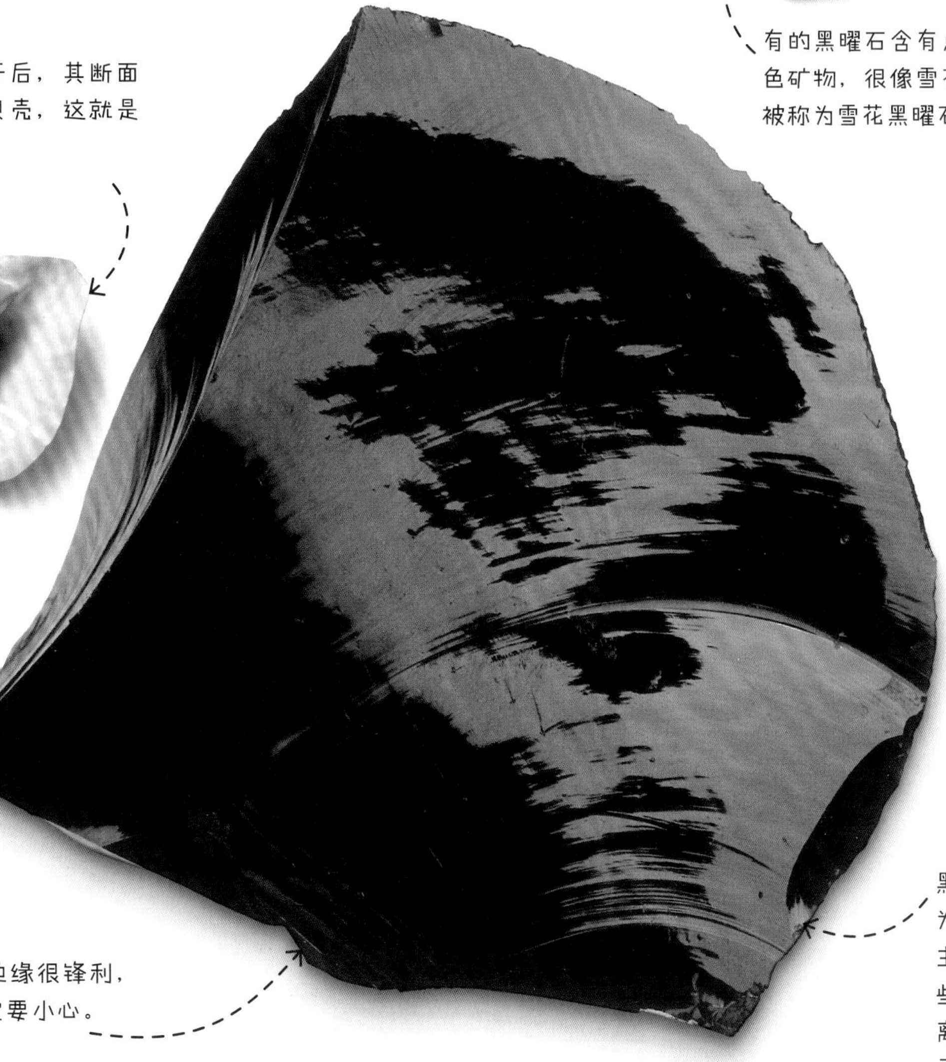

黑曜石的边缘很锋利，取放时一定要小心。

黑曜石的颜色为暗黑色，这主要是因为一些致色的金属离子，如铁离子在起作用。

玄武岩

玄武岩是一种火山喷出岩——火山喷出的红色炽热的岩浆在地表流动，逐渐冷凝就形成了喷出岩。玄武岩是一种深色、坚硬的岩石，也是大洋地壳的主要组成岩石。

如果形成玄武岩的岩浆冷却得再慢一些，形成的就不是玄武岩了，而是辉长岩。

辉长岩

玄武岩是地表最常见的岩石之一。

在岩浆冷却过程中，岩浆中会有很多气泡，当气泡中的气体散逸出去，就会形成孔洞。因此我们看到有些玄武岩上满是孔洞。

组成玄武岩的晶体特别微小，肉眼很难辨别，因此我们看到的玄武岩呈现出单一的色调。

巨人石道岬

六方柱

玄武质的岩浆快速冷却后，就会出现六边形的裂隙，形成成群的六方柱玄武岩。六方柱玄武岩塑造了很多著名的景点，例如，北爱尔兰的巨人石道岬、美国怀俄明州的魔鬼塔等。

奥林匹亚山是火星上由玄武岩构成的一座火山，有22千米高。

绿帘花岗岩

绿帘花岗岩是由花岗岩经变质作用形成的，也是一种中低档宝石。由于它含有一种特殊的绿色矿物——绿帘石，使得岩石表面呈斑点状，并具有鲜艳的色彩，故成为了很多收藏者的珍品。

绿帘石

绿帘石是由一种叫作斜长石的白色矿物演变而来的。斜长石长期暴露在风吹日晒的环境下，就会逐渐转变为绿帘石，颜色也由白色变为绿色。此外，热液蚀变也是绿帘石形成的一种途径。

绿帘花岗岩上绿色的斑点就是绿帘石晶体。

粉色的部分是一种叫斜长石的矿物。

绿帘石的英文名称为Unakite，来自于它的最初发现地——美国田纳西州和北卡罗来纳州交界处的乌娜卡（Unaka）山。

浮石

喝碳酸饮料或泡沫奶茶的时候，你是否注意到浮在表面的泡沫？其实浮石就是自然界中的火山泡沫，是世界上最轻的岩石之一。浮石上有很多小洞洞，这些小洞洞是岩浆中的气泡导致的。

古罗马人用浮石制造水泥建成很多高大的建筑物，例如罗马圆形剧场。

由于浮石是火山玻璃质的，故很容易破碎。

当岩浆快速冷却时，气泡中的气体散逸出去，就形成了孔洞。

在浮石中，有时会看到一些火山岩的碎屑或者火山灰。

浮石内有被封闭的气体，这使得其质量很轻，能够浮在水面上。

在斐济附近的海域就能看到浮石筏

浮石筏

当海底火山喷发时就会在水下形成浮石。有时，你会看到一大块浮石像船一样漂浮在海面上，这就是浮石筏，其所在的位置往往与海底火山的位置相吻合。

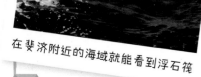

闪长岩

闪长岩以及与其相似的花岗闪长岩都是岩浆岩，它们都被人戏称为岩石中的“盐和胡椒”，这是因为它们既含有深色矿物，也含有浅色矿物。

带斑点的石头

达尔马提亚岩是闪长岩的一种，产自墨西哥北部。这是一种带有黑色斑点的岩石。上面的黑色斑点是黑电气石，而白色的是长石。达尔马提亚岩的外表很像斑点狗的皮肤。

在这些最为坚硬的岩浆岩里面可以找到大的矿物晶体，这些矿物也是花岗岩及其他一些岩石的造岩矿物。

闪长岩是地下的岩浆以非常缓慢的速度冷凝形成的，因此岩石中含有很多粗大的晶体。

斜长岩是一种矿物组成与闪长岩十分接近的岩石，它是月球岩石的主要类型。

火山

火山是岩浆从地球内部喷出地表的重要通道。火山喷发是地球岩石大循环的重要一环——它能够产生新的岩浆岩。火山的形态各异，大小相差悬殊，喷发方式也各有千秋。

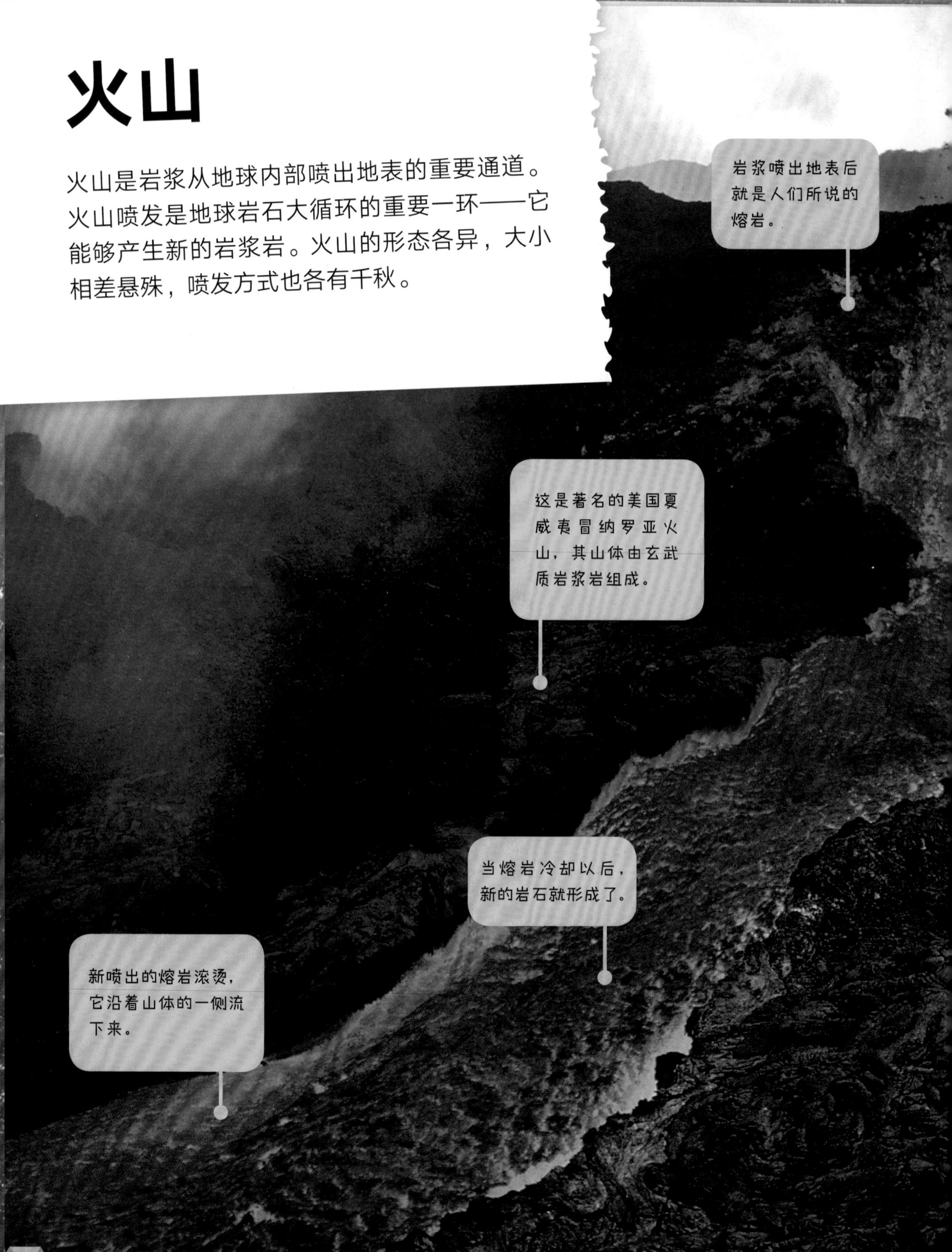
岩浆喷出地表后就是人们所说的熔岩。
这是著名的美国夏威夷冒纳罗亚火山，其山体由玄武质岩浆岩组成。
当熔岩冷却以后，新的岩石就形成了。
新喷出的熔岩滚烫，它沿着山体的一侧流下来。

火山除了喷发熔岩，还喷射气体。正是因为气体从地球内部喷出地表产生的巨大压力，使得熔岩飞溅。

当熔岩流进海洋中时，有时会立刻爆炸碎裂，形成火山岩砂粒。

喷出岩

火山喷出岩中保留着多种火山喷发过程的信息。例如，火山岩中经常有气泡、玻璃质物质及火山灰。当熔岩很快凝固时，火山岩中就没有大的肉眼可见的晶体析出，会呈现均匀的质地。

多孔火山岩屑：这种多孔的火山岩屑（包括火山弹），是岩浆中的细小气泡在熔岩内部不断移动，当岩浆冷凝时，这些气泡中的气体散逸出去而形成的。

流纹岩：这种岩石是由黏稠的熔岩冷凝形成的，里面含有很多硅质矿物及易燃易爆的气体。

毛发状火山玻璃：这是当熔岩被抛洒到空中，并迅速冷凝时形成的针状火山岩，很像拔丝白薯中的“糖丝”，只不过这种丝是玻璃质的。

石灰岩

石灰岩是沉积岩中最常见也是最重要的一种。大部分石灰岩由古代海洋中的生物有机质、生物碎屑（如壳、骨骼）组成的，被称为生物碎屑灰岩。造就这种石灰岩的主要生物包括各种有壳动物（如双壳、腕足、头足类）及造礁生物（如珊瑚）。

在石灰岩中还能看到生物化石，这是远古海洋生命的遗存。

石灰岩

生物成因的岩石

很多石灰岩是海洋生物的坚硬部分形成的，也有的是珊瑚骨架形成的。此外，还有一种被称为白垩土的石灰岩，它是由海洋中的微生物——带有钙质硬壳的颗石藻沉积形成的。

放大很多倍的颗石藻

白云岩

白云岩，既可以指一种岩石，也可以指一种矿物。白云岩是碳酸岩中的一种，主要成分为碳酸钙镁。其边缘锋利，很容易破碎。

白垩土

白垩土的颜色是白色，因为其主要是由方解石这种矿物组成的。

石灰岩有很多种类，其中大部分是由文石、方解石和白云石组成的。

文石

方解石

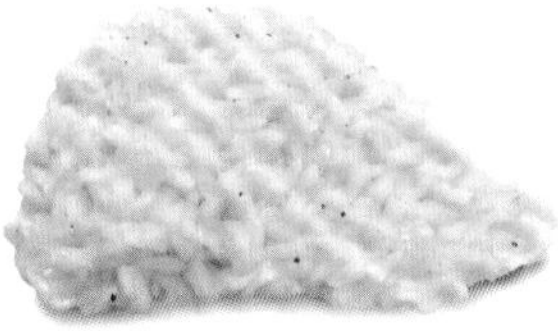

白云石

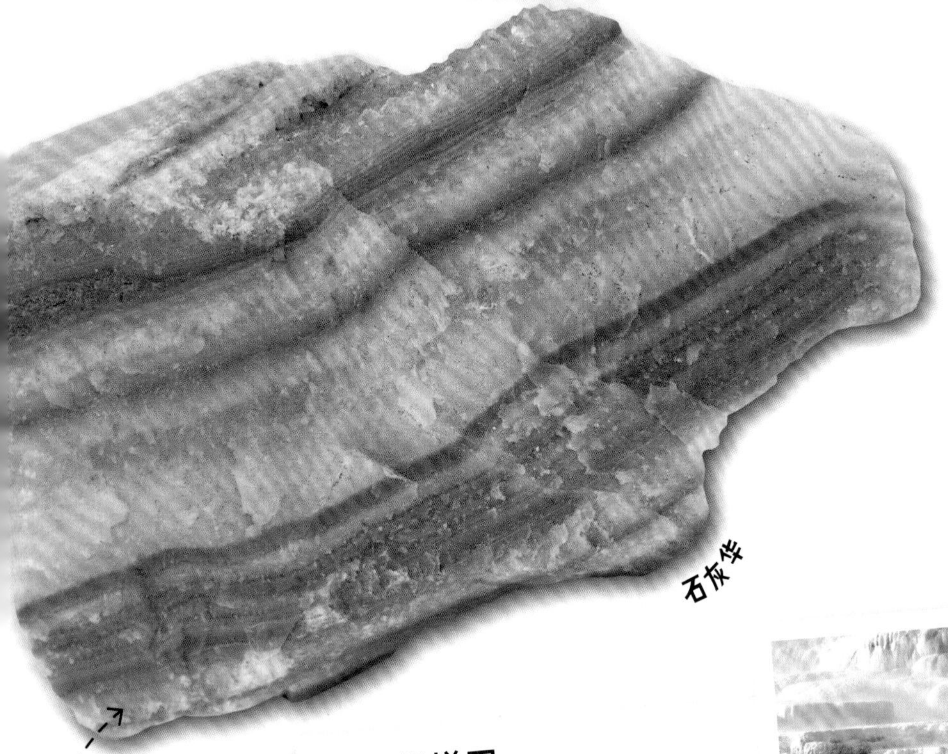

石灰华

石灰华是凝聚黏结在一起的石灰岩，是组成钟乳石和石笋的主要岩石类型。

石灰华梯田

石灰华梯田也被称为钙华五彩池群，这是一种特殊的石灰岩，它的形成不是生物成因，而是化学成因，是水中溶解的碳酸钙沉淀形成的。当含有大量碳酸钙的水流过一个地区时，伴随着石灰华的沉淀作用，会形成美丽的钙华五彩池（这种地质奇观在中国四川黄龙和美国黄石国家公园都可以看到）。

位于美国怀俄明州黄石国家公园的猛犸温泉附近壮观的石灰华梯田

燧石

燧石是一种十分锋利的岩石，在远古时期，燧石是我们的祖先制作石器和工具的重要材料。燧石很坚硬，容易碎裂成片，且边缘锋利，因此可以用来制作打猎的武器，例如砍刀、箭头和矛头。

燧石的颜色有很多种，但最常见的颜色有浅褐色、棕色或灰色。

燧石很像黑曜石，当碎裂时会呈现贝壳状的断口。

燧石是一种硅质岩，或被称为黑硅石，它几乎全部由石英组成。

黑硅石

用燧石制成的箭头

打磨石器的时代

在石器时代，匠人们会到很远的地方收集甚至相互交换燧石作为石器的原材料。在加工时，他们会小心翼翼地敲打、削磨燧石，将其加工成需要的器形，如刀片形。这个过程被称为燧石的打磨。

砂岩

想象一下你自己穿越时空回到恐龙时代，站在海滩上。海滩上的沙子可能会保存下来，成为今天的砂岩。砂岩，顾名思义，其组成岩石的颗粒像沙子一样大。而很多种类的砂岩在成岩之前就是一片散沙。

这样的砂岩也被称为图纹石，里面的层理构成了美妙的波浪图案。

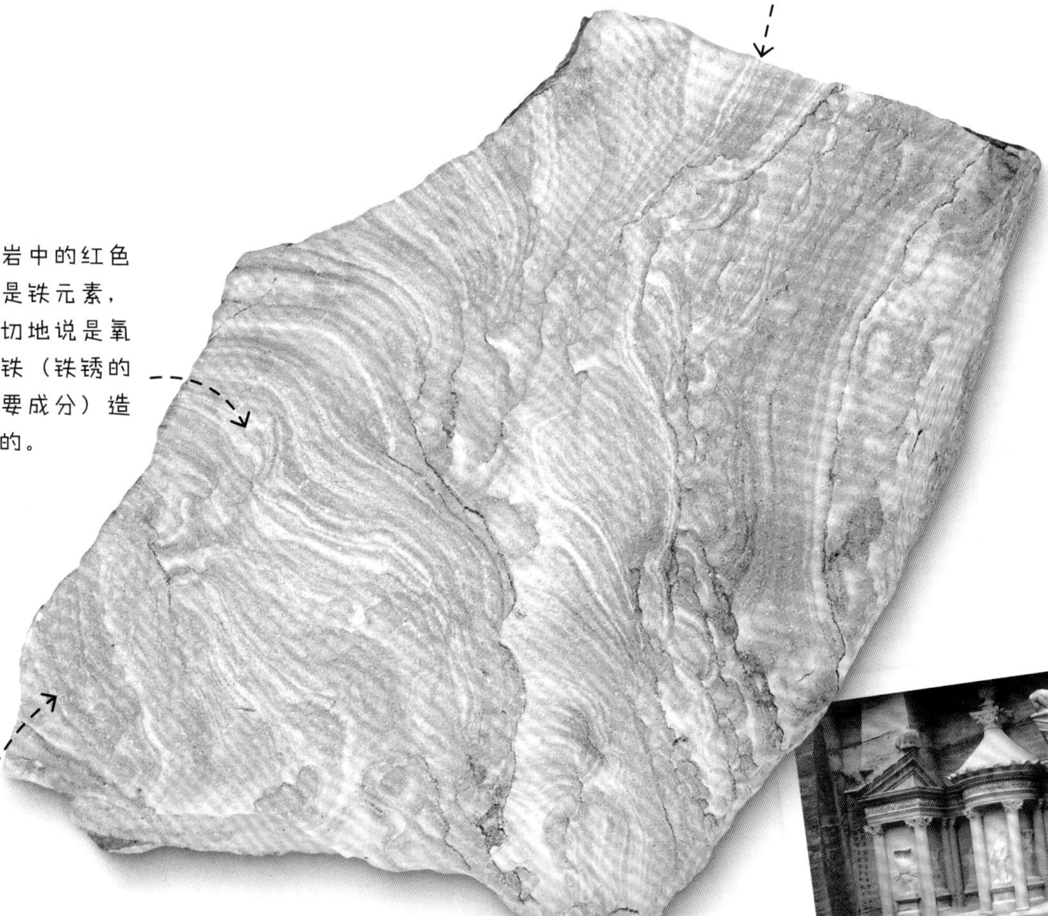

砂岩中的红色层是铁元素，确切地说是氧化铁（铁锈的主要成分）造成的。

砂岩中清晰的层理清楚地展示了这种沉积岩就是沉积物一层层沉积叠加形成的。

砂岩城

约旦的佩特拉城是著名的历史名城，也被称为砂岩城。整座城市位于高山上，几乎所有的建筑都雕凿在一个巨大的粉红色砂岩崖壁上，或者是用这种砂岩石材建成的。佩特拉在古希腊语的意思就是“石头”。

“财富”，佩特拉

页岩

页岩可以说是一种最普通的沉积岩，但是有时我们很难在野外看到它。页岩由黏土等柔软的矿物组成，很容易破碎。因此，寻找页岩的最好方式是将土层挖开。

最普通的沉积岩

页岩中没有明显的晶体，是一种粒度非常细的岩石。

页岩是保存化石的理想岩石，里面常含有植物和动物的化石。

岩石中的能量

页岩是形成石油、天然气的烃源岩之一，从中开采出来的油气便是我们日常使用的各种燃料。随着技术的发展，我们能从页岩中开采出更多的燃料，除了传统的石油和天然气外，还有页岩气。

组成页岩的矿物是黏土和石英。

黏土

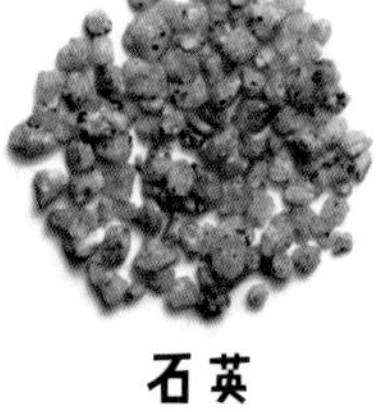

石英

煤炭

煤炭是一种重要的能源，燃煤除了可以用来取暖外，还可以用来发电。煤炭是古代沼泽和泥塘中的植物经过长期的地质作用形成的化石燃料。这些植物有机质被埋藏得越深，温度越高，形成的煤就越紧实，含有的能量就越高。

植物通过光合作用获得能量，因此煤炭可以看作被固定在化石中的太阳能。

煤炭中没有明显的矿物晶体。

煤炭中有裂缝，能使其裂成表面相对平整的面，称为解理。煤炭的解理面还因反射光线而显得亮闪闪的。

无烟煤

当初期形成的煤炭受地质作用影响而处于高深度、高温度的环境中时就会形成无烟煤。无烟煤是一种优质高能的煤，其厚度只相当于原来腐殖质沉积层的1/10。

化石

化石是远古动植物的遗体或遗迹经过石化作用形成的。收集化石是一件充满挑战和乐趣的事情。在野外寻找岩矿标本时，也可能收集到化石标本。

三叶虫是远古海洋的底栖动物（也有个别游泳生活），它们已经灭绝。它们坚硬的、很像龙虾的壳体能被保存为化石。

化石的种类

当提及化石这个概念时，很多人会想到恐龙的骨骼，其实除恐龙以外，古代的各种动植物都能被保存成化石。化石主要分为4大类，一类就是贝壳、恐龙骨骼等，被称为遗体化石；第二类是印模化石；第三类是遗迹化石，这是远古生命存在的证据，比如恐龙足迹；还有一类是化学化石，即煤、石油、天然气。

腕足动物是一种已经繁衍生息数亿年的生物，今天在海洋中还能找到它们的踪迹。

海百合是一种生活在远古时期，至今仍然存在的生物。这块岩石上那些圆圆的像车轮或铜钱的部分就是海百合的茎环。虽然说海百合是一种动物，但是它们像植物一样通过一个茎扎根在海底。

化石的形成

化石的形成有很多种方式。通常是生物体的坚硬部分（如骨骼、壳）被沉积物掩埋，后来被矿物质交代。就像“化石”一词的字面意思，这些古代生物经地质作用“悉化为石”。

一只菊石死亡，其遗体落在海床上。它有一个坚硬的外壳和一副柔软的躯体。

恐龙的爪子

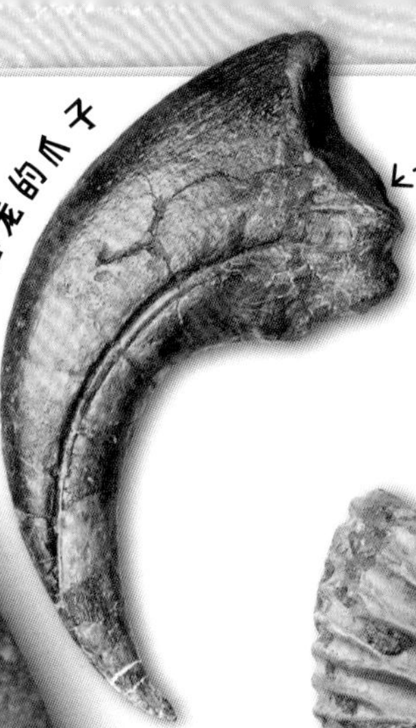

请注意，这就是恐龙的爪子！恐龙化石通常含有方解石这种矿物——这是原来的生物有机质被方解石交代的结果。

菊石

菊石是一种古代的海洋生物，与今天的乌贼有亲缘关系。它们那螺旋形的壳能够控制它们的沉浮。

鲨鱼牙

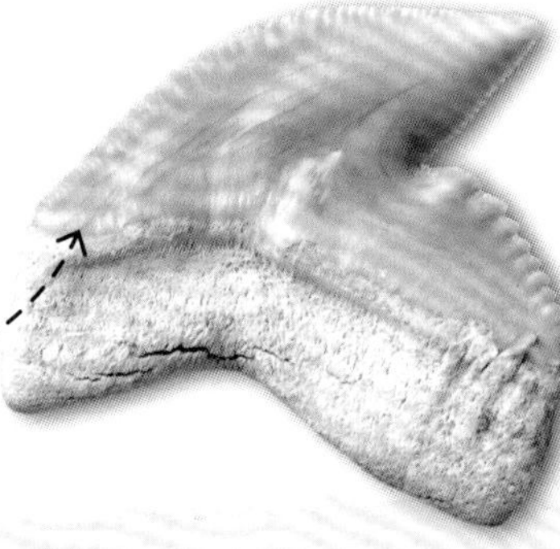

这是数百万年前的鲨鱼牙，看起来像新的一样。虽然经历了漫长的岁月，它们依旧尖利。

菊石内部的软体很快腐烂、消失，而它的硬壳则被沉积物掩埋，这些沉积物可能会变成沉积岩，而这个硬壳则可能被保存为化石。

溶解在海水中的新的矿物质（如赤铁矿、方解石、文石）会逐渐交代原来的壳体，使其变得很坚硬。

亿万年后，原来的沉积物变为岩层，菊石壳体变成化石。在剥蚀作用下，这个沉积层暴露于地表。我们就可以在岩层中采集到化石了。

大理岩

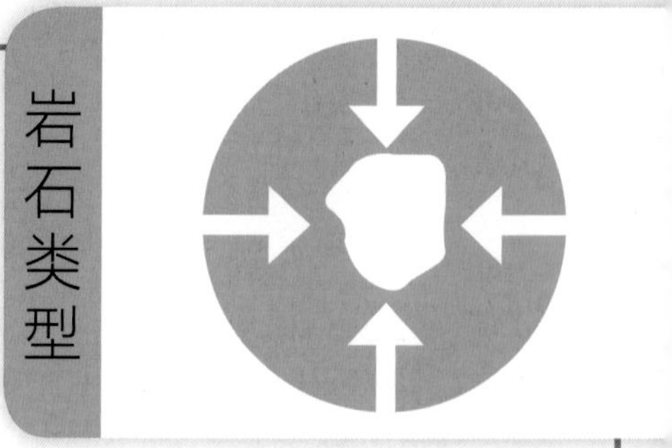

如果你去瞻仰历史纪念碑、参观历史博物馆或古代宫殿，就有机会看到大理岩。大理岩是由石灰岩、白云岩演变而来的，但是它更为坚硬。它可以被切割成板状，成为坚固而美观的建筑石材。

石英岩与大理岩很类似，有时很难将二者区分开。虽然都是变质岩，但是变质原岩却不同——石英岩的变质原岩是石英砂岩或硅质岩，而大理岩的变质原岩是石灰岩。

大理岩中经常有岩脉，里面含有其他矿物。

大理岩的主要组成矿物是方解石，这使得大理岩通常为白色。

不可思议的大理岩

你知道吗？世界上最著名的雕像，如意大利米开朗琪罗的大卫像，以及断臂维纳斯都是以大理岩为材料雕刻的。

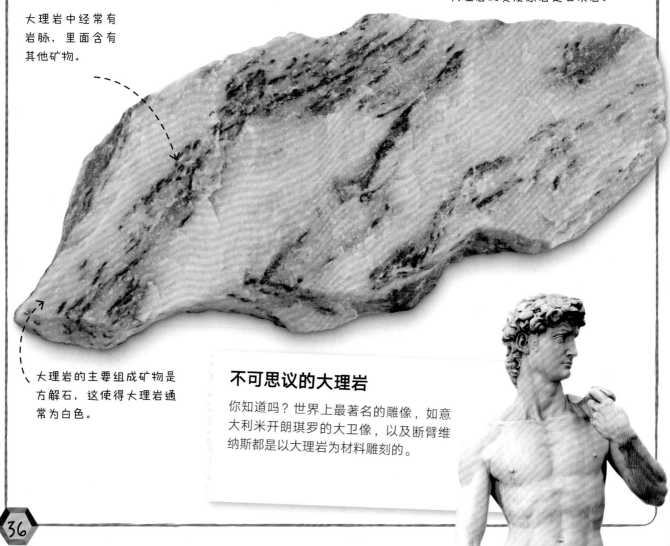

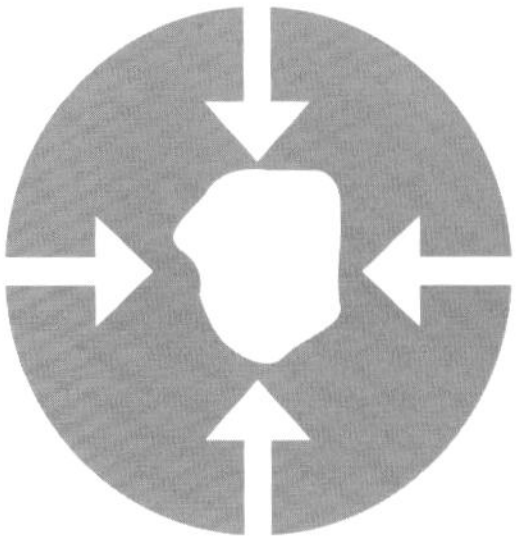

片岩

若沉积岩层被埋藏得很深，在温度和压力的作用下，会形成新的矿物，沉积岩层也就发生了变质作用，形成片岩。片岩也呈层状，是由不同矿物堆叠形成的，称为片理。

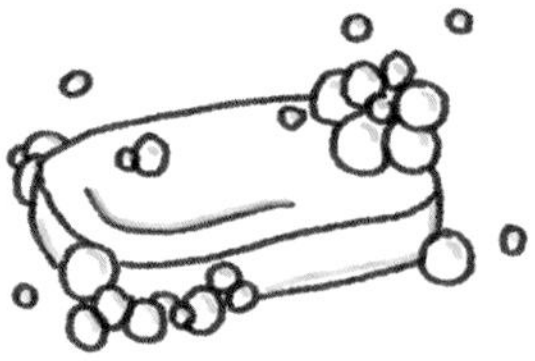

片岩中含有一种灰色矿物——绿泥石。绿泥石非常软，使得整块岩石看起来稀松，像一块肥皂。

一些片岩亮闪闪的，这是因为里面含有一种反射率很高的矿物——云母。

在高压作用下，红色的石榴石晶体会在片岩中形成，使得整个岩石像一块铺上巧克力豆的饼干。

青金石

青金石是一种发亮的且呈深蓝色的岩石，最早在中亚地区被发现并开采。青金石在古波斯语中的意思是“蓝色的石头”。一些古代文明发源地，如古埃及、美索不达米亚等都发现了用青金石制作的珍贵的艺术品。

埃及法老图坦卡蒙面具上的眉毛就是用青金石制作的。

图坦卡蒙面具

青金石上的金色斑点其实是黄铁矿。

青金石中经常含有方钠石这种矿物。

青金石之所以呈蓝色，是因为它含有天青石这种矿物。

深蓝色

青金石的粉末被称为“超级海蓝”，是古代油画中深蓝色颜料的原料。古时青金石的价格昂贵，因为那时只有遥远的阿富汗才出产这种石头。

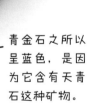

片麻岩

片麻岩是一种深变质岩，在各种变质岩中其形成的温度和压力都是最高的。在高温高压下，原岩的层理及其他构造会被挤压形成褶皱，其结果是一块灰色、粉色或白色的岩石被挤成一团，很像制作意大利面的面团。

泥岩

造山运动的证据

泥岩是一种沉积岩，然而在造山运动中往往变质形成片麻岩。首先在温度和压力的作用下岩层被挤压成薄板，直至薄片，然后一层层堆积形成了片麻岩。

片麻岩有清晰且具有一定厚度的纹层，这些纹层由不同的矿物组成，并且常常被挤压形成褶皱。

仔细观察片麻岩的层次和纹理，你会发现每一层不仅发生褶皱，而且厚度也会发生变化，这是压力和构造运动导致岩石变形的结果。

板岩

板岩是由页岩变质形成的，但相比页岩，它更加坚硬、牢固。板岩是一种浅变质岩，当泥岩或页岩（两者都是沉积岩）受到高温、高压的作用，发生变质以后，就会形成板岩。

黑板

有用的板岩

板岩是一种常见的建筑材料，而且用途广泛。最初，人们用板岩来当黑板，今天它则是地板常用的石材——因为它很坚硬，能够维持很长时间。

板岩看起来质地很均一，这是因为里面的化石及原始的结构在高温、高压下被破坏了。

板岩通常为深色，在边缘还能看到细细的线状纹理。

角岩

角岩是天然的砖头。这是一种非常坚硬的变质岩，是原岩（如黏土岩、泥岩及各种岩浆岩）受到周围热源的烘烤，发生重结晶而形成的。和其他变质岩不同，角岩形成所需要的压力可以相对小一些，形成的深度也可以更靠近地表。

角岩坚硬而牢固，其形成过程就像在窑里烧砖一样，故其有“天然的砖头”之称。

角岩通常呈黑色、棕色或者深绿色。角岩破碎后其碎块往往呈立方体或长方体。

角岩有时呈带状或条纹结构。

角岩十分坚硬，过去它常被用来当作磨刀石。

角岩名称的来历

角岩的英文hornfels源自德语，由于这种岩石质地坚硬而细腻，很像动物（如绵羊）的角，故被称为角岩。

绵羊角

岩石的用途

各种岩石和矿物是非常有用的自然资源。我们每天使用的成千上万的产品其生产的原材料都包括岩石和矿物。几个世纪以来，人们利用岩石和矿物可以做很多事情，从生产生活使用的各种能源到我们使用的牙膏，可以说我们的生活离不开岩石和矿物。

粗糙的浮石也被称为搓脚石，能够祛除脚上的死皮。

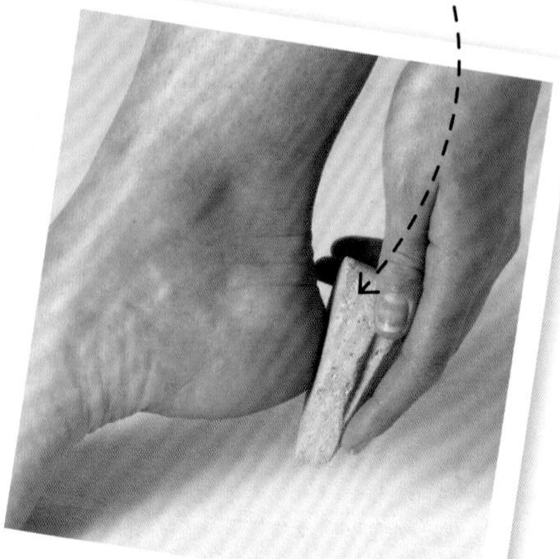

使用浮石搓脚

花岗岩

冰壶其实是用来自苏格兰和威尔士采石场的不含云母的花岗岩制成的。（译者注：在我国有一种不含云母的花岗岩，叫白岗岩，也可用于制作冰壶。）

浮石

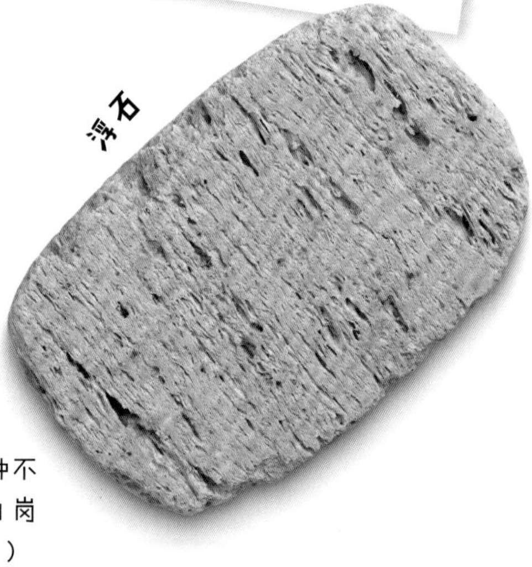

在冰壶运动中，运动员将石头在冰面上推出，到达目标位置。

著名的地标

千百年来，人们使用坚硬的岩石（例如大理岩）建造各种建筑物。很多古代的建筑物至今仍矗立在原地成为著名的地标。直到今天，岩石仍然是工程建筑的重要材料。

墨西哥的埃尔卡斯蒂略金字塔是玛雅文明的遗迹之一，它是用石灰岩建成的，至今已经有800多年的历史。

煤

这种由大理岩制成的杵子（棒形）和臼（碗形）用来将调味品碾成粉末，以用于烹调。

大理岩

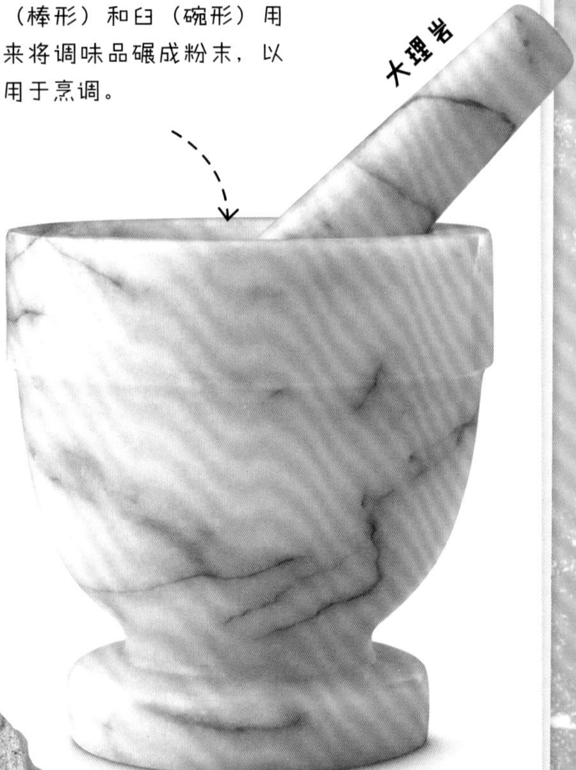

煤火

煤非常容易燃烧，是人们用来取暖的重要能源。

白垩土

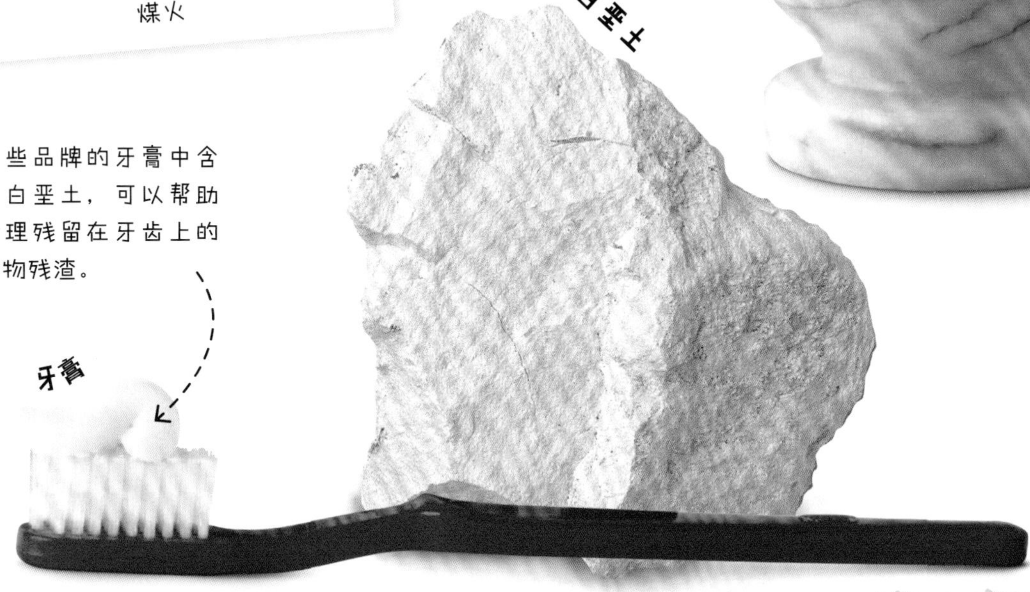

一些品牌的牙膏中含有白垩土，可以帮助清理残留在牙齿上的食物残渣。

牙膏

英国伦敦泰晤士河上的伦敦塔桥已经有100多年的历史，建桥的石材有花岗岩和石灰岩。

印度泰姬陵是一位国王为其王后所建的。
泰姬陵是用大理岩建成的，
至今已有350多年的历史。

什么是矿物

每种矿物都是由特定的化学物质组成的固体。矿物是由地质作用形成的天然化学物质，也就是天然单质和化合物，是组成岩石的基本单元。

目前，人们已经发现并辨别出5 000多种矿物！

矿物是由什么组成的

矿物是由一种或多种元素构成的化学物质。组成矿物的化学元素也是构成宇宙中万事万物的元素。有些化学元素大家应该很熟悉，例如硅、铜、氢和氧。

橄榄石
绿色矿物橄榄石的主要组成元素有铁、镁、硅和氧。

硅
矿物中第二丰富的元素是硅。

氧
说起氧，你或许想到空气中的氧气，其实许多矿物中也有氧元素，它是组成地壳的第一大元素。

矿物的种类

矿物分类的依据是其含有的化学元素或化学元素组合。例如硫化物类矿物，顾名思义，它们都含有硫元素。

赤铁矿

赤铁矿属于氧化物类矿物，因为其只含有氧元素和金属元素铁，是一种金属氧化物。

石膏是硫酸盐类矿物的代表，组成它的化学元素包括硫、钙和氧。

石膏

每天朝夕相伴的矿物

矿物就在我们的日常生活中，与我们朝夕相伴。它们存在于我们的食物、药品、各种工具乃至玩具中。

我们烹调用的食用盐其实是矿物岩盐，岩盐晶体呈小的立方体。

冰

盐

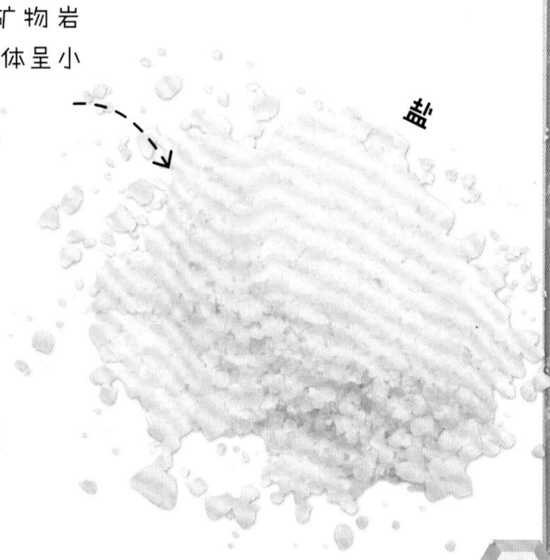

冰是矿物吗？当然是。冰是由氢和氧组成的氧化物类矿物，是一种天然的晶体。

晶体

矿物晶体是人们在自然界中发现的最美的事物之一。矿物晶体有数个平面、数条平直的棱，能够形成大家所熟悉的几何形态。下面展示的是6种常见的晶体形态。

黄铁矿

这些黄铁矿的晶体立方体，每个晶体有6个正方形的面。

等轴晶系中的立方体晶形

晶形

矿物的晶形有多种，这是由组成它的化学物质及结晶时的环境条件所决定的。这也就意味着，自然生成的矿物晶形很少有完美的。

锆石

长方体的晶体像是立方体被拉长了

四方晶系中的长方体晶形

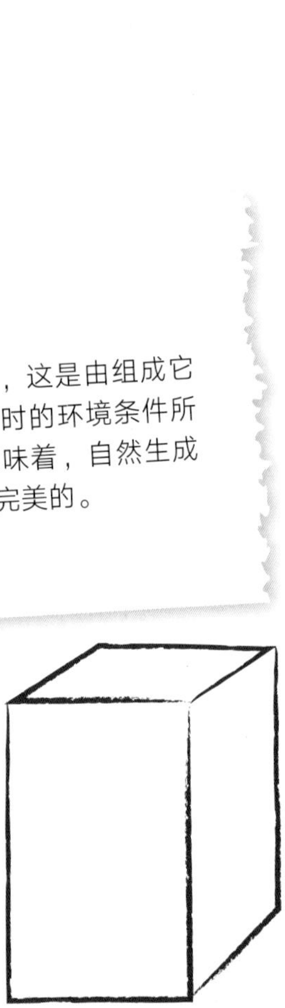

单斜晶系

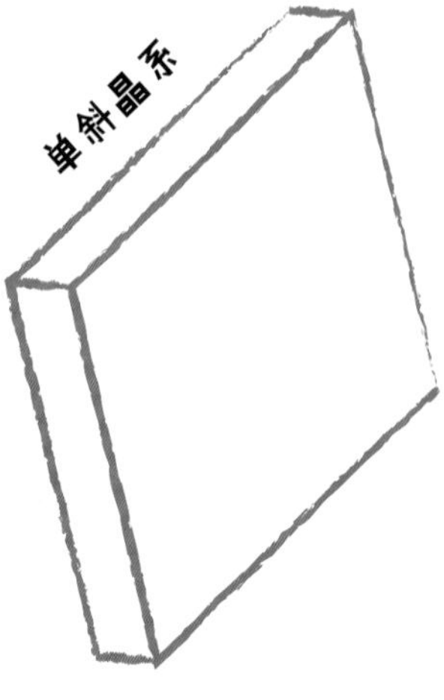

石膏

单斜晶系的晶体有两对相对等大的面，例如石膏晶体。晶体的单斜晶系像是长方体被压扁了。

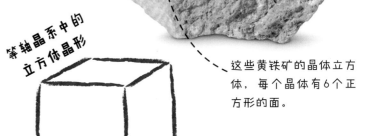

烟晶

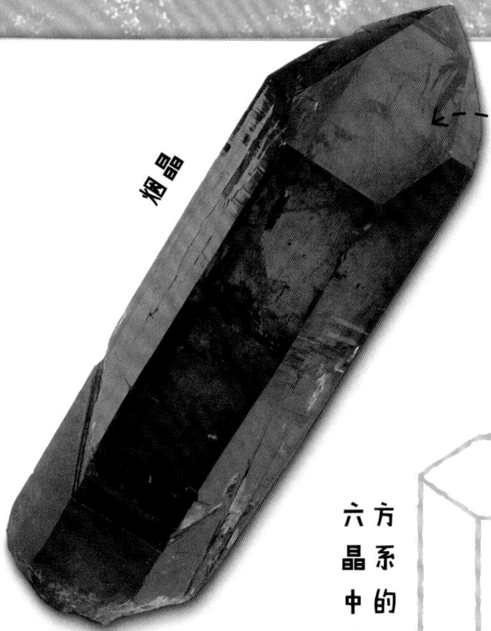

石英晶体常呈尖顶的六方柱状晶体产出。如果垂直于晶体延伸方向切一刀，你会看到其横截面为正六边形。

斧石

三斜晶形的每条棱长短不一，每个面的面积和形状各异，这就意味着三斜晶系的矿物不会呈标准的几何形态。

六方晶系中的六棱柱形晶体

三斜晶形

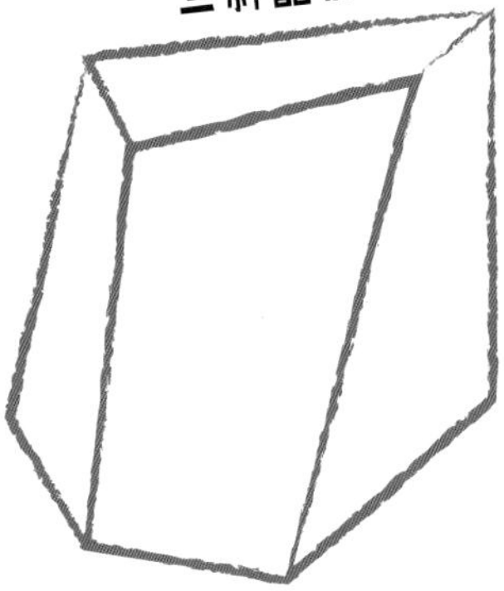

斜方晶系和四方晶系晶形很类似，但是其横截面为矩形，而非正方形。其最大的面向外（例如托帕石）。

托帕石

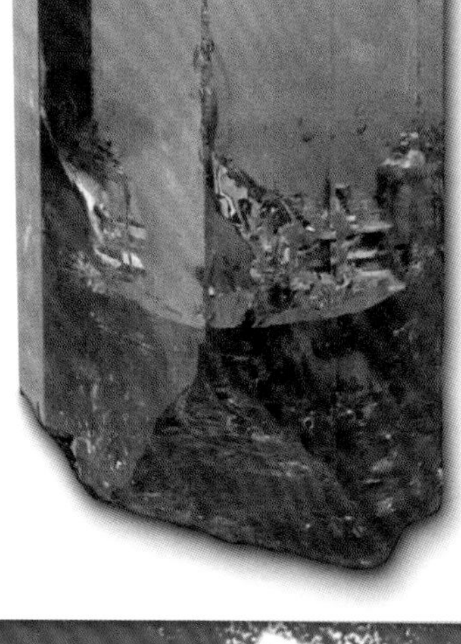

斜方晶系

这不是晶体

当组成固体的化学物质并非按照常规方式排列时，便是非晶体。例如，玻璃的原子就是随机排列的，它就是非晶体。

如果观察玻璃碎片，你会发现每个碎片的形状都不规则，其形状是随机产生的。当然，注意千万别去触碰玻璃碎片，小心被划伤。

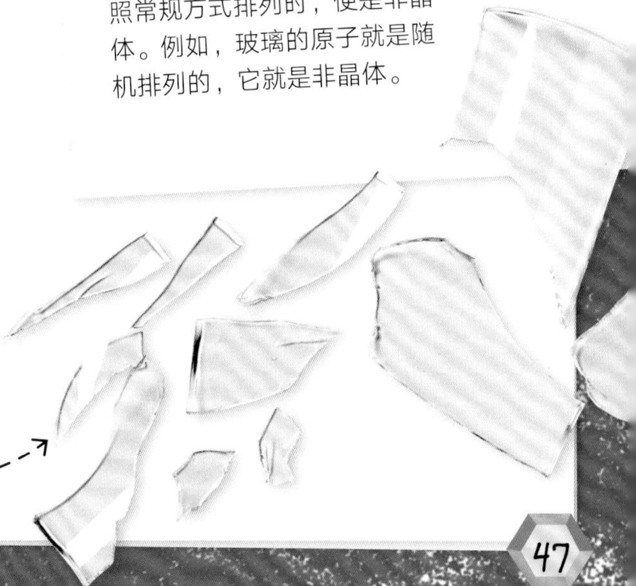

矿物的结晶习性

岩石和矿物有各种各样的形状，以及千差万别的尺寸。然而每一种矿物的单晶和集合体都有其特有的形状，这可以帮助我们辨别它们。我们把每种矿物单体呈现的形态称为矿物的结晶习性。

这是银星石，这种矿物的晶体呈圆盘状或放射状，很像自行车的车轮。

放射状集合体（银星石）

纤维状集合体（孔雀石）

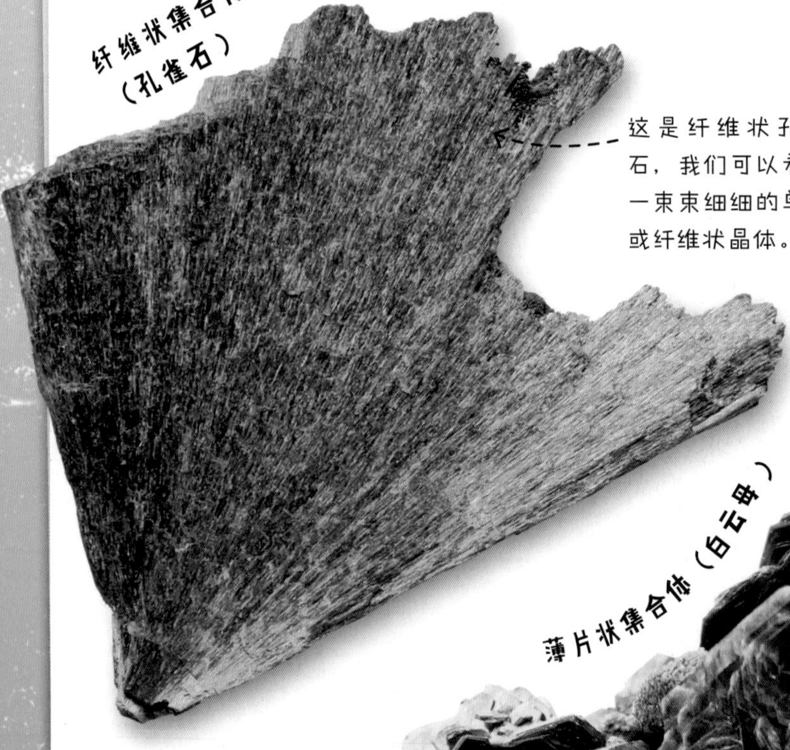

这是纤维状孔雀石，我们可以看到一束束细细的单晶或纤维状晶体。

薄片状集合体（白云母）

白云母的晶体为薄片状，很多晶体聚集在一起，很像书页。这也说明白云母晶体的结晶习性是二向延伸的板状。

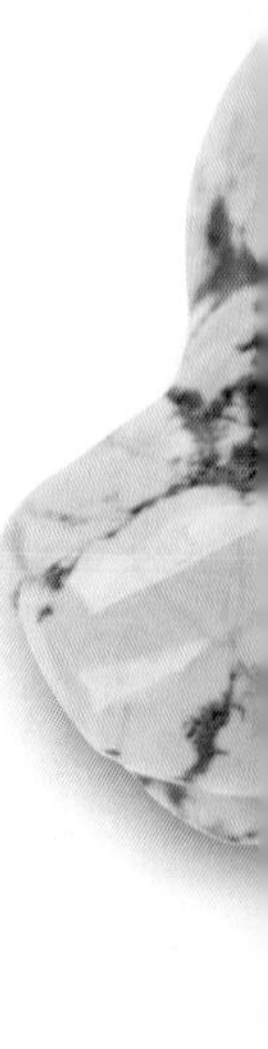

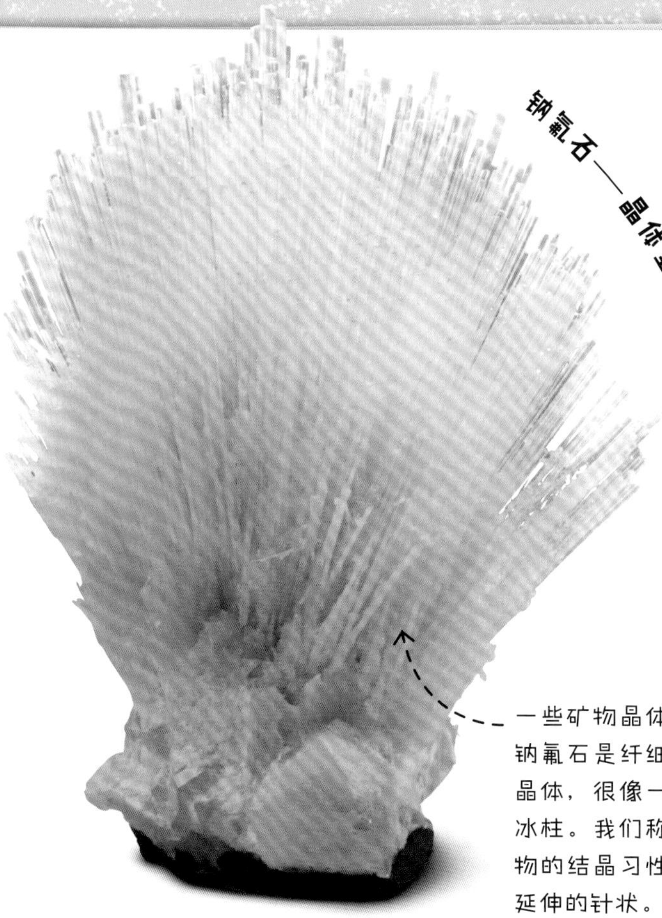
钠氟石——晶体呈针状

一些矿物晶体，例如钠氟石是纤细的针状晶体，很像一根根细冰柱。我们称这种矿物的结晶习性为一向延伸的针状。

钟乳石和石笋

在溶洞内，含有大量碳酸钙的水从洞顶滴落，经过沉淀形成钟乳石。如果水滴很大，滴落在地面上，就会逐步形成石笋，石笋再逐步从地面上长起来。钟乳石和石笋连起来就形成石柱。

钟乳石和石笋出现在石灰岩的溶洞中，组成它的主要矿物是方解石。

绿松石——晶体呈块状

一些矿物晶体呈立体的球状或块状，我们称其结晶习性为三向延伸。

石膏晶体——很像玫瑰花，晶体呈片状

一些矿物晶体，如石膏很像玫瑰花瓣，其晶体呈花瓣状或薄片状，其结晶习性为二向延伸。

鉴别矿物

每种矿物都有自己的名字及物理性质。当然，在自然界看到矿物时，它们不会向你自报姓名，而是需要你像侦探一样辨别它们。

解理

解理是矿物沿着一个面裂开的性质，因解理而裂开的碎块（片）与原来的矿物有着相似的形状。当你仔细观察石盐碎块时，会发现其是由细小的立方体组合而成的，而其原来的晶体形状也是立方体。

石膏

褐铁矿会留下黄褐色条痕。
瓷板是检验矿物条痕色的工具。当然，把矿物在瓷板上摩擦一定要在瓷板粗糙的背面而不是光面。
蓝铜矿石标本的条痕色为蓝色。
硅孔雀石的条痕色为白色或蓝绿色。

条痕色检验

同一种矿物可能有多种表面颜色，但是它们的粉末颜色却是相同的。因此，我们可以在没有打磨的瓷板（或者瓷板的背面）进行刻划摩擦，观察矿物粉末的颜色，就可以鉴别矿物了。

光泽

光泽反映矿物反射和折射光线的性质。矿物晶体的光泽到底像玻璃还是像金属呢？抑或是像丝绸、珍珠？这是描述不同矿物光泽的词汇。

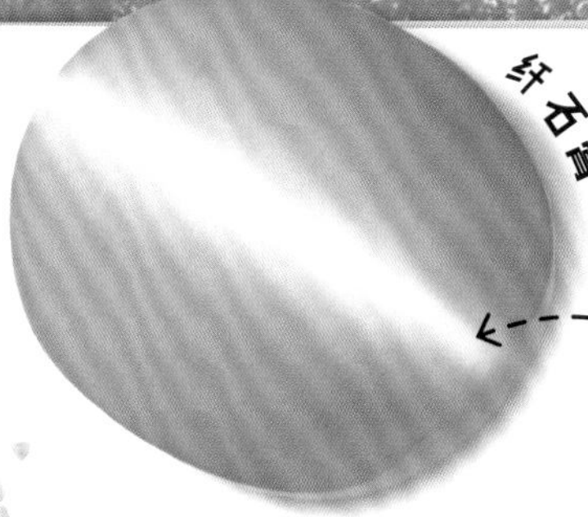

纤石膏

这是石膏的一种，叫作纤石膏。它看上去很像丝绸，具有丝绸般的光泽。

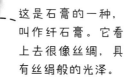

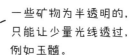

紫水晶

有些矿物，比如紫水晶很像玻璃，光能够透射过去，因此它具有玻璃光泽。

黄铁矿

如果某种矿物反射光的能力很强，像一块金属，则它具有金属光泽。

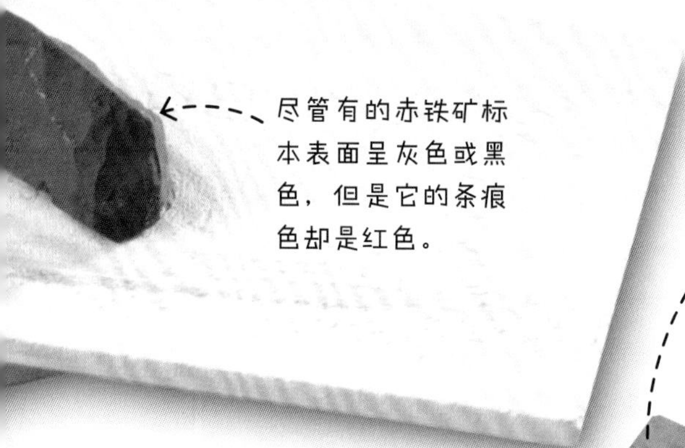

尽管有的赤铁矿标本表面呈灰色或黑色，但是它的条痕色却是红色。

透明度

当光线遇到某种矿物时会出现几种不同的情况——穿过去或被反射回来，甚至传播速度会变快或变慢。

方解石

当光线进入某些透明矿物时会发生双折射，这使得背面的物体出现重影。这就是双折射现象。

黄水晶

黄水晶可以让光线直接穿过，因此我们说它是透明的。

玉髓

一些矿物为半透明的，只能让少量光线透过，例如玉髓。

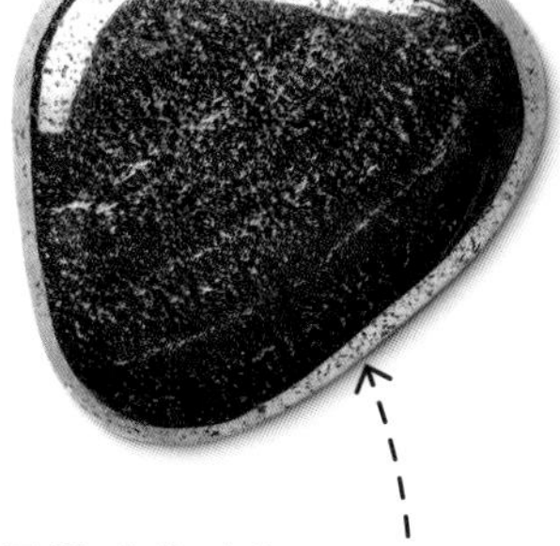

赤铁矿

赤铁矿是不透明的矿物。光线遇到它时会全部反射回来，不能透过。

最软的矿物

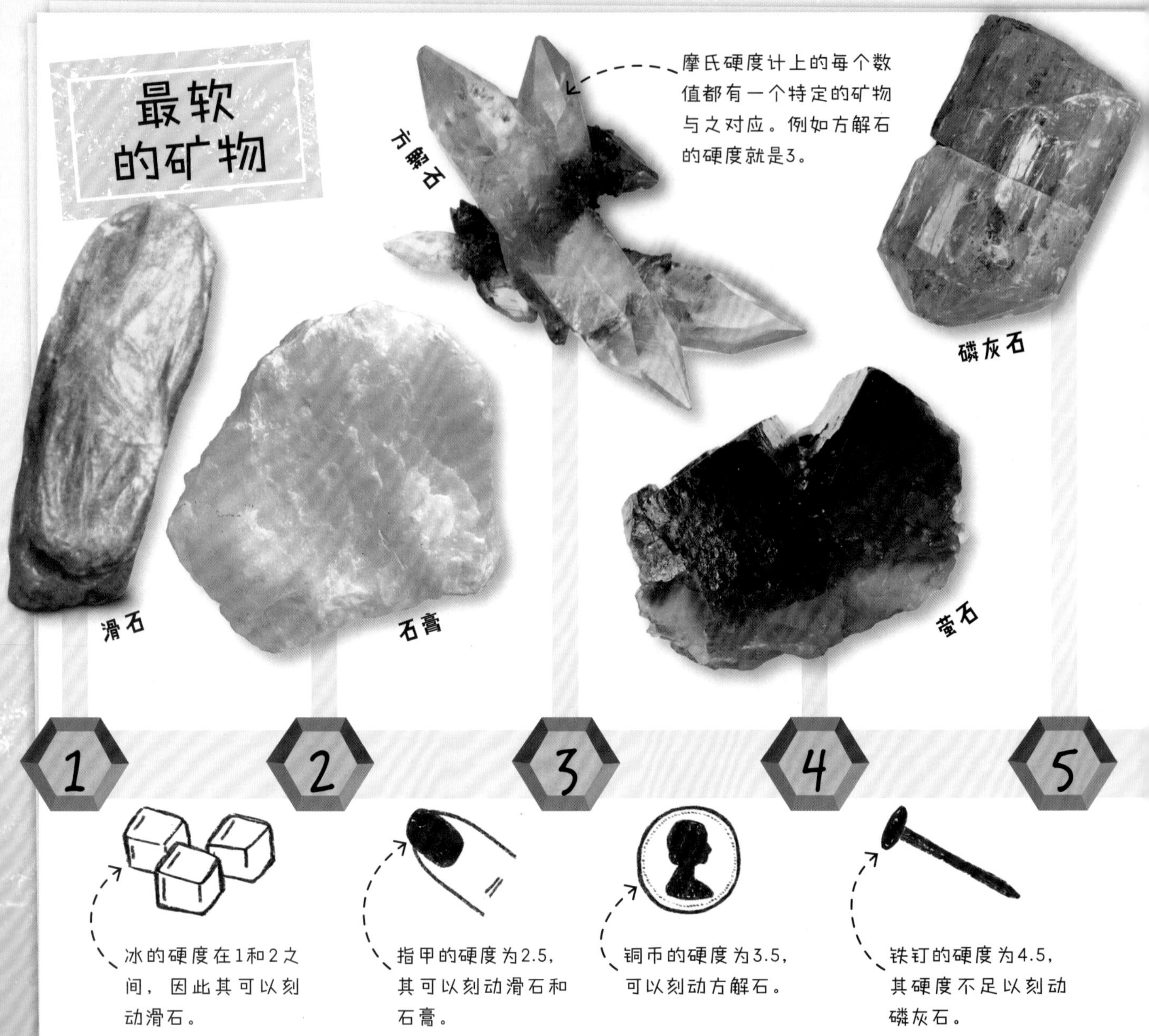

摩氏硬度计上的每个数值都有一个特定的矿物与之对应。例如方解石的硬度就是3。
方解石
磷灰石
滑石
石膏
萤石
1
2
3
4
5
冰的硬度在1和2之间，因此其可以刻动滑石。
指甲的硬度为2.5，其可以刻动滑石和石膏。
铜币的硬度为3.5，可以刻动方解石。
铁钉的硬度为4.5，其硬度不足以刻动磷灰石。

坚硬还是柔软

硬度是鉴别矿物的重要物理性质。我们描述矿物的硬度通常使用摩氏硬度计（如上图展示）。在该硬度计上，高硬度的矿物能够在低硬度的矿物上刻划。

目前几乎没有其他可以在钻石上刻划的天然矿物。要切割钻石，只能用另一颗钻石。

最坚硬的矿物

正长石

黄玉

金刚石

石英

刚玉

6

7

8

9

10

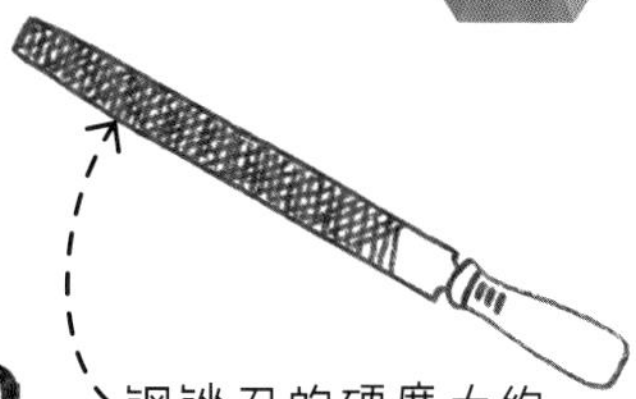

钢锉刀的硬度大约为6.5，能够挫动硬度在6以下的矿物。

钻头的设计硬度在7~8范围内。

金刚砂板用于打磨铁钉，其含有刚玉及其他一些矿物。金刚砂板的整体硬度能达到8.5。

金刚石（也就是钻石）的硬度为10，几乎没有天然矿物能够刻划它。

玻璃的硬度大约为5.5。

神灵的烟囱

在土耳其的卡帕多细亚地区，由于岩石遭风化剥蚀，形成一根根岩柱，被称为“神灵的烟囱”。“烟囱”上部坚硬的玄武岩盖能保护下面由火山灰形成的柔软岩层不被风化剥蚀。但是没有被玄武岩盖保护的火山凝灰岩则被剥蚀掉了。

打磨
抛光岩石

刚刚收集到的标本往往不太好看，或者说不太便于观察。但是，当你使用适当的工具对其进行打磨加工以后，就能将不起眼的石头变成值得炫耀展示的藏品。通常要使用砂轮进行打磨，使得标本表面光滑闪亮。

你知道吗？打磨一颗宝石有时要花费一个月的时间。

水

使用打磨机时要适当加一些水，以协助打磨。

棱角较少的标本打磨的效果最好。

打磨后的岩石光滑而闪亮。

达尔马提亚岩

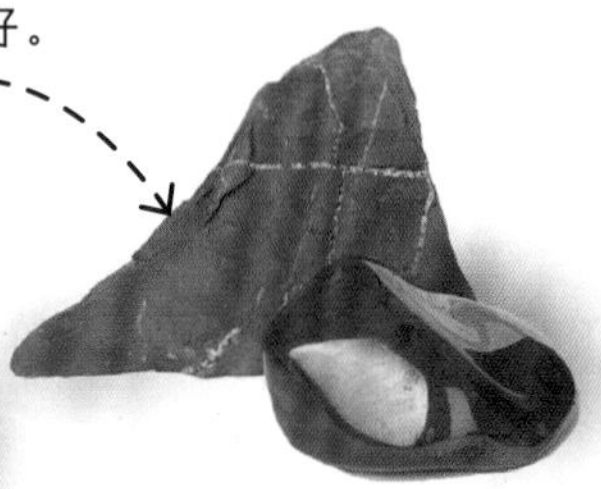

碧石

虎睛石

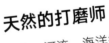

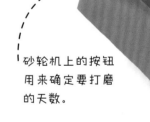

粉晶

砂轮机上的按钮用来确定要打磨的天数。

岩石常年受到流水的冲刷。

天然的打磨师

溪水、河流、海洋等自然界中的水体就是天然的打磨师。流水的冲刷能够将岩石的棱角冲掉，使它们的表面变得光滑。

筛子用来滤掉标本上的土及打磨后的粉末。

筛子

电动岩石打磨器

砂轮用来抛光表面粗糙的岩石。它实际上重演了河流打磨石头的过程——含有泥沙的河水搬运岩石。在此过程中，岩石坚硬的棱角会被沙子和小石子打磨掉，而粒度更细的粉沙和泥质物质会将岩石表面打磨得十分光亮。

沙石在一起搅动，尖锐的棱角会被打磨掉。下图展示的是打磨器滚筒内的情况，岩石和沙石在一起搅动大约一周。

打磨器由一台电机驱动，能够使滚筒旋转。

粗沙粒

第一步用很粗的沙粒进行打磨，使得岩石锋利的棱角被磨掉。

粗沙

下一步是用粒度稍细一点的沙粒进一步对标本进行打磨。

细沙

打磨后，就需要开始抛光，使得标本表面变得光亮。在最初的抛光过程中，细沙起着很重要的作用。

很细的沙粒

最后抛光时，使用很细的粉沙，经过此过程，标本表面就变得十分光亮了。

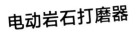

石英

石英是地球上成分最简单也是最常见的矿物之一。石英有很多种类，而且很多都非常漂亮并有自己的名字。石英也是世界各地矿物收藏爱好者喜欢收集的重要藏品。

蔷薇石英呈红色，这是因为其内部含有锰及其他金属元素的离子。

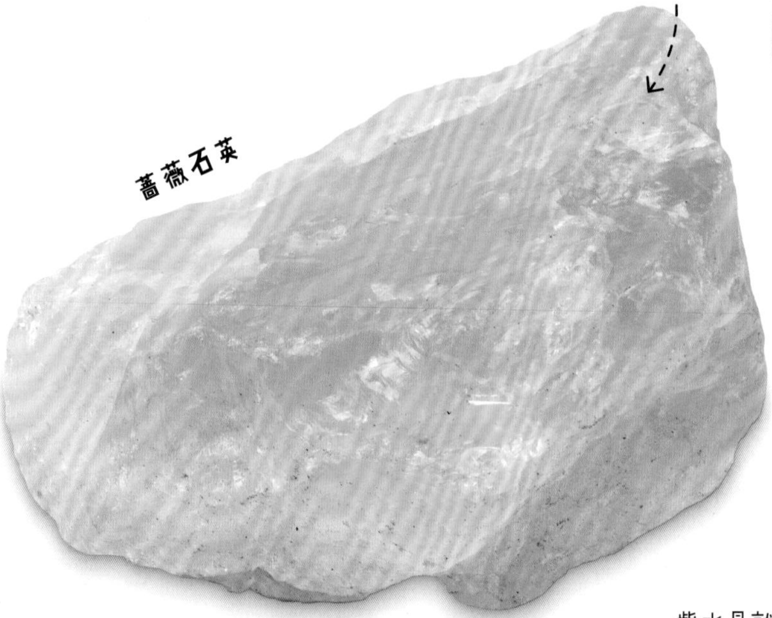

蔷薇石英

烟晶

烟晶之所以呈现这种颜色是因为其内部混有极细的碳元素或受到辐射所致。

紫水晶就是紫色石英的变种。

紫水晶的晶形很像埃及金字塔。

紫水晶

颜色范围

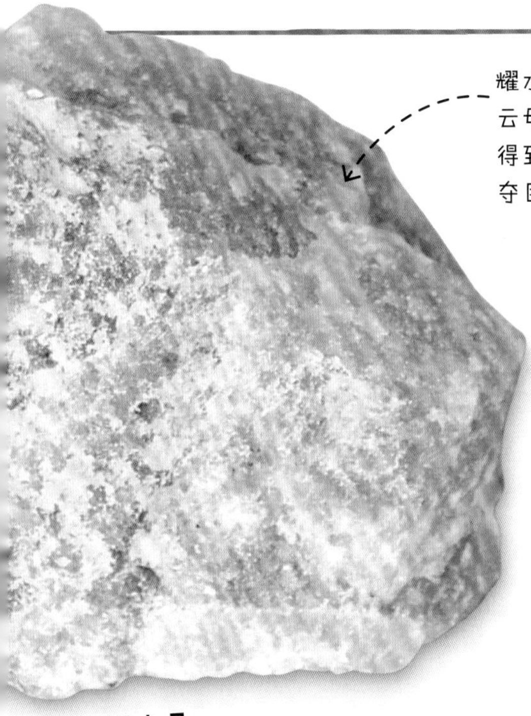

耀水晶中含有很多细小的云母片，其反射光的能力得到增强，故而显得光彩夺目。

耀水晶

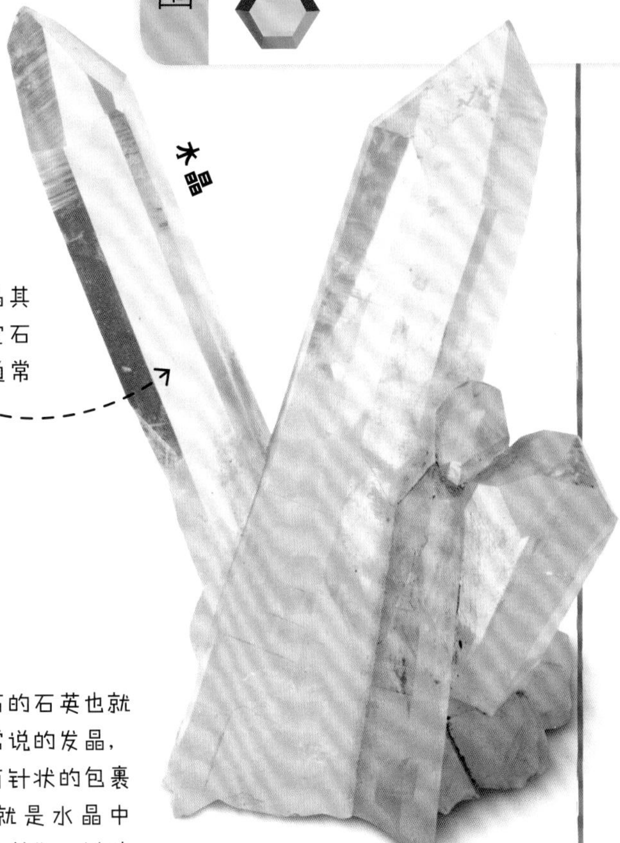

水晶

我们通常说的水晶其实是纯净的达到宝石级的石英晶体，通常为无色透明的。

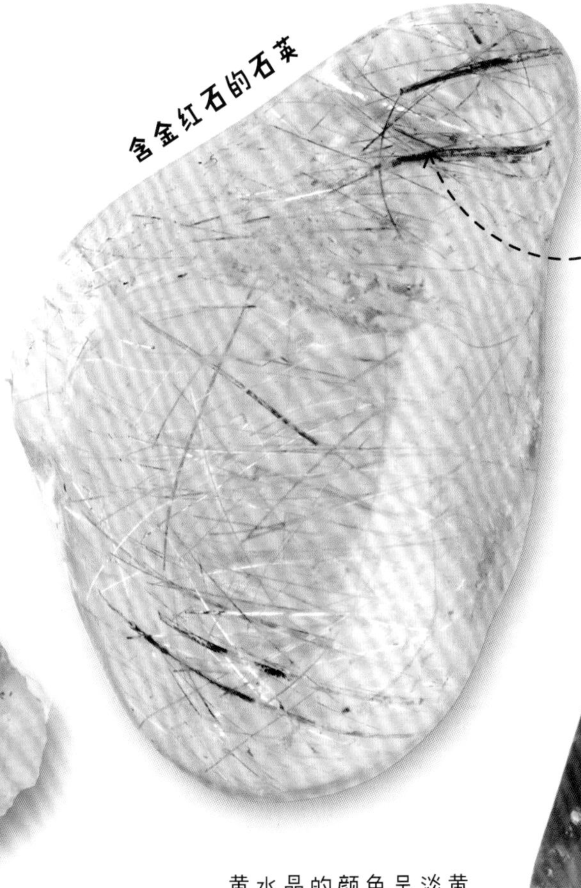

含金红石的石英

含金红石的石英也就是我们常说的发晶，里面含有针状的包裹体，也就是水晶中的“头发丝”。针状的包裹体就是矿物金红石。

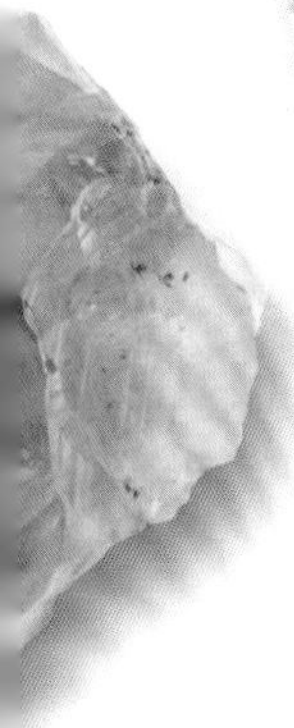

黄水晶

黄水晶的颜色呈淡黄色或橘色，这是铁元素致色的结果。

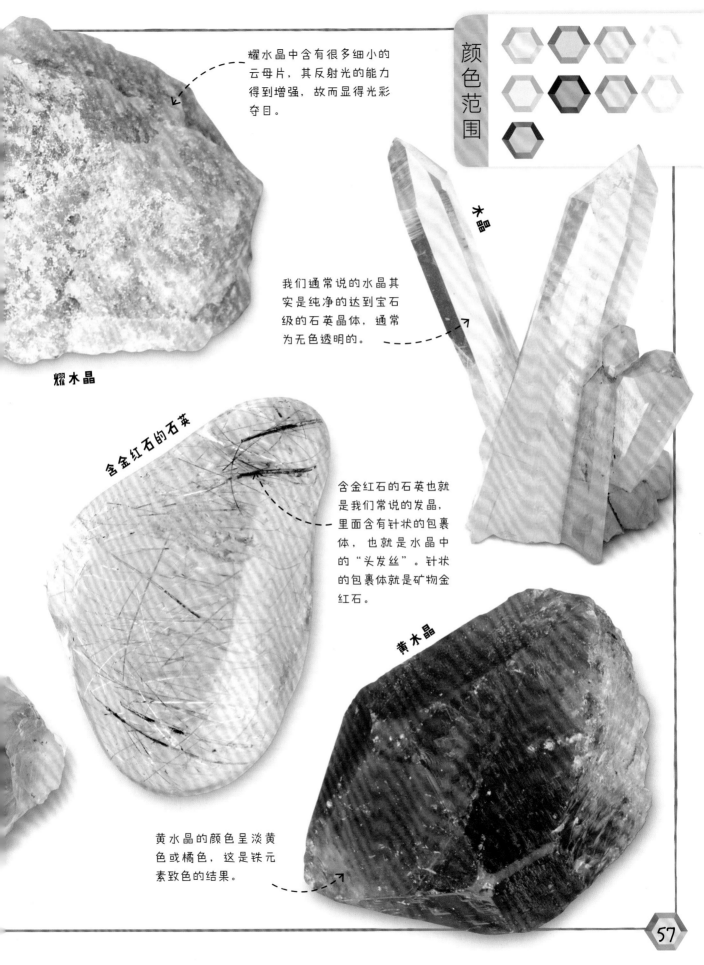

托帕石

托帕石是一种常见的矿物也是一种宝石，其颜色通常为黄色、橘色和红色。当然，也可以呈其他颜色或者无色。人们通常将托帕石误认为是水晶，但是托帕石的硬度要高于水晶。

颜色范围

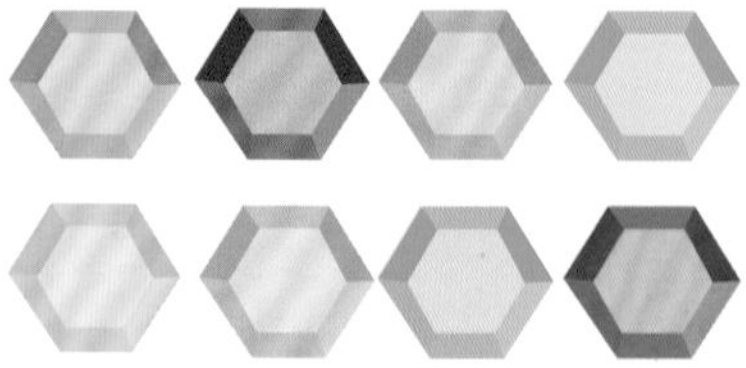

来自巴西的蓝色托帕石

托帕石之王

在南美洲的一些地区会产出巨大的托帕石晶体。图中这块被称为Ostro（奥斯特罗）的蓝色无瑕的托帕石重达2千克。当然这还不是最大的，一些大型的托帕石晶体可以重达几百千克。

这块托帕石晶簇的每个单晶呈长柱状。

托帕石的颜色由其内部含有的各种致色化学元素离子所决定。

托帕石经常和萤石共生。

萤石

天河石

颜色范围

天河石是一种美丽、稀少的宝石，其实它是一种颜色为蓝绿色的微斜长石。正如它的名字一样，它最早发现于巴西，地点位于亚马孙河流域。亚马孙河被当地人称为“天河”。

天河石表面那些很细的条纹其实是其他矿物形成的超薄层。当天河石的晶体开始结晶时，这些薄层就被夹在中间了。

只有少数几个国家产天河石，例如俄罗斯、巴西、美国。

天河石呈现的蓝绿色是铅等金属元素作用的结果。

尽管天河石很漂亮，但是它并非高档宝石。因为它十分软，受到摩擦容易损坏，因此随着时间的流逝，它会慢慢变得暗淡无光。

赤铁矿

颜色范围

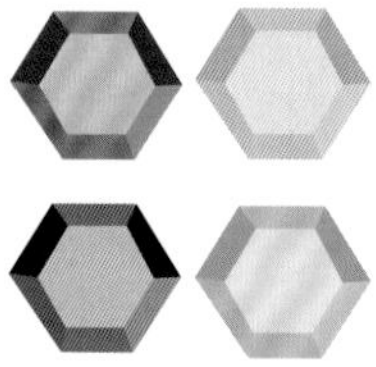

赤铁矿是铁的氧化物，也就是说它由铁元素和氧元素组成。其实铁的氧化物不止一种，除了三氧化二铁外，还有氧化亚铁、四氧化三铁，它们在铁元素与氧元素的比例上不同，颜色也有差异。铁的氧化物类矿物是重要的铁矿资源。

曲别针能被磁铁矿吸引

有磁性的矿物

铁的氧化物类矿物还带有磁性，如磁铁矿（主要成分为四氧化三铁）。磁铁矿也被称为吸铁石，它能吸引含铁的金属物体，例如曲别针。

抛光的赤铁矿非常光亮，反射率高。

火星之所以呈红色，是因为其表面覆盖着铁的氧化物（主要是三氧化二铁）。

铁锈其实就是铁的氧化物。当铁钉暴露在空气中以后，在氧气和水分的作用下就会形成铁的氧化物，也就是铁锈。

黄铁矿

颜色范围

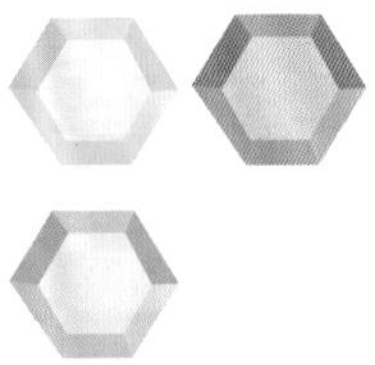

黄铁矿也被称为愚人金，因为初看上去它很像黄金，但是它的价值可远远不能和黄金媲美。黄铁矿是一种常见的矿物，虽然不是真金，但是它常常和自然金伴生。

黄铁矿具有金属光泽。

黄铁矿表面呈金黄色，这使其看起来很像黄金。

黄铁矿晶体的结晶习性是三向延伸，其晶体呈立方体或球状。

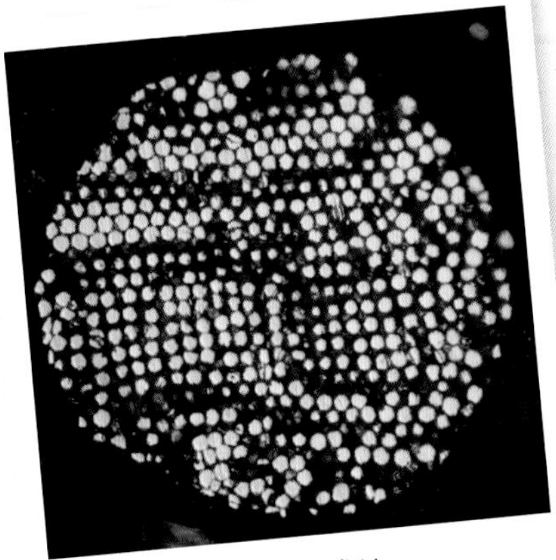

黄铁矿球粒

黄铁矿很像缩小版的树莓

黄铁矿由铁元素和硫元素组成。在黄铁矿晶体结晶时，如果硫的含量高于正常值，晶体会凝结成球粒状。而球粒状的黄铁矿很像小的树莓。

从矿物中提炼金属

你知道吗？现在我们使用的光亮的金属器具可能来自于一块灰暗的石头中。金属可以说是地球为人类提供的最宝贵的财富之一。人们使用金属作为原材料制造各种物品。如果一块岩石或某种矿物中含有一定量且可以提取的金属元素，便可被称为矿石。

汽车的电池中含有金属铅，而金属铅通常取自一种名为方铅矿的矿物。

金属锡可用于制作锡罐的外皮，这些金属锡主要来自锡石。

锡罐

锡石

方铅矿

汽车中的铅蓄电池

淘金

淘金

有些金属并非一定要从矿石中提取，而我们在自然界中就能发现其碎屑，例如黄金。这种能够以单质形式存在于自然界的金属被称为自然金属。在山间的溪流中，我们经常能拣拾到小的金块。此外，人们常用平底的选矿锅来淘金。当含有金粒的卵石被淘洗时，轻一些的石头和杂质就会被冲掉，而密度更大的金粒就会被留下来。

闪锌矿是用来提炼锌的矿物。锌和铜的合金就是黄铜。

铁是人类利用最多的金属之一。它来自于多样铁矿石，包括赤铁矿和磁铁矿。

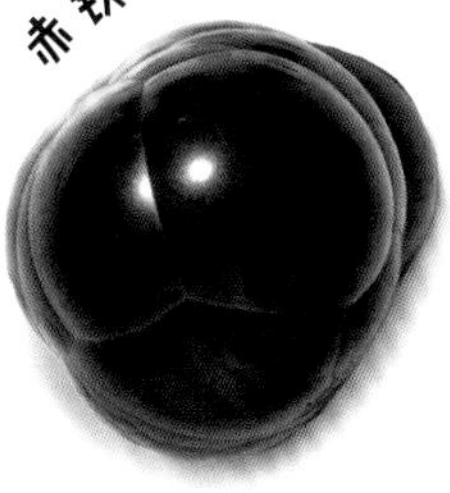

铜是用于制造电线的金属，能提炼铜的矿石也有好几种，例如带有深浅绿色条纹的孔雀石。

提炼矿石

含有金属的矿石通常来自大型的采石场。矿石通常会被倒入特殊的提炼机器，通过煅烧及化学处理工艺将金属从矿石中提炼出来。例如，金属铝就是从铝土矿中提炼的。

第一步先把铝土矿矿石粉碎，然后加热并用化学物质对其进行处理。

第二步，用电解的方式将铝元素从溶液中分离出来。

第三步，电解出的液体铝在模子中被制成铝锭。铝锭则被运输到工厂制成各种铝制品。

厨房中常见的铝箔就是铝制品。

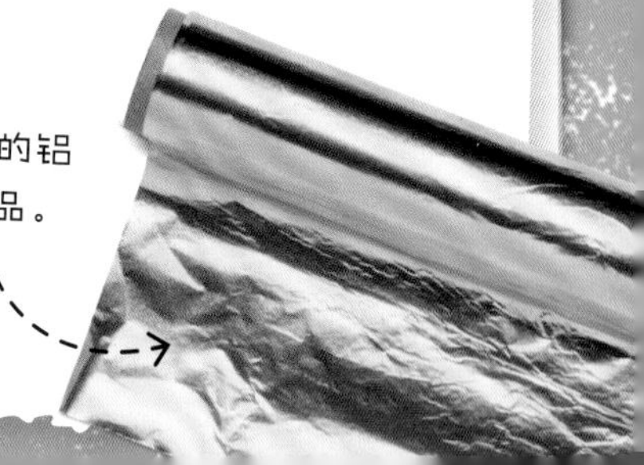

玉石

人们通常所说的玉石其实包括硬玉和软玉两大类。这两大类玉石都已经有几千年的利用史。玉石雕刻艺术是人类文明的重要组成部分，阿兹特克人、玛雅人及古代中国、日本、蒙古和朝鲜都留有玉雕文物。

颜色范围

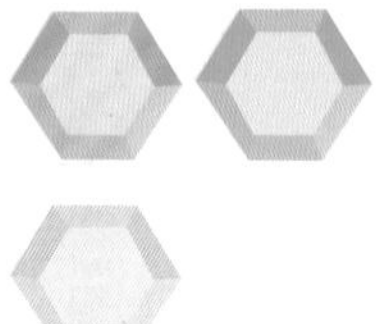

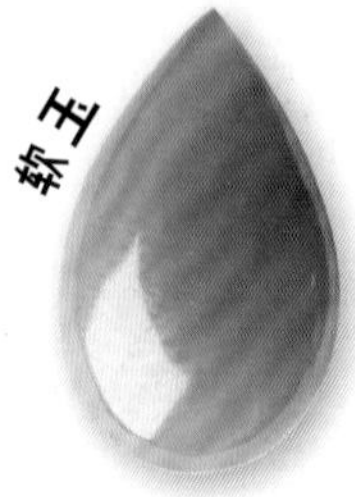

软玉的硬度比硬玉稍低一些，所以被称为软玉。

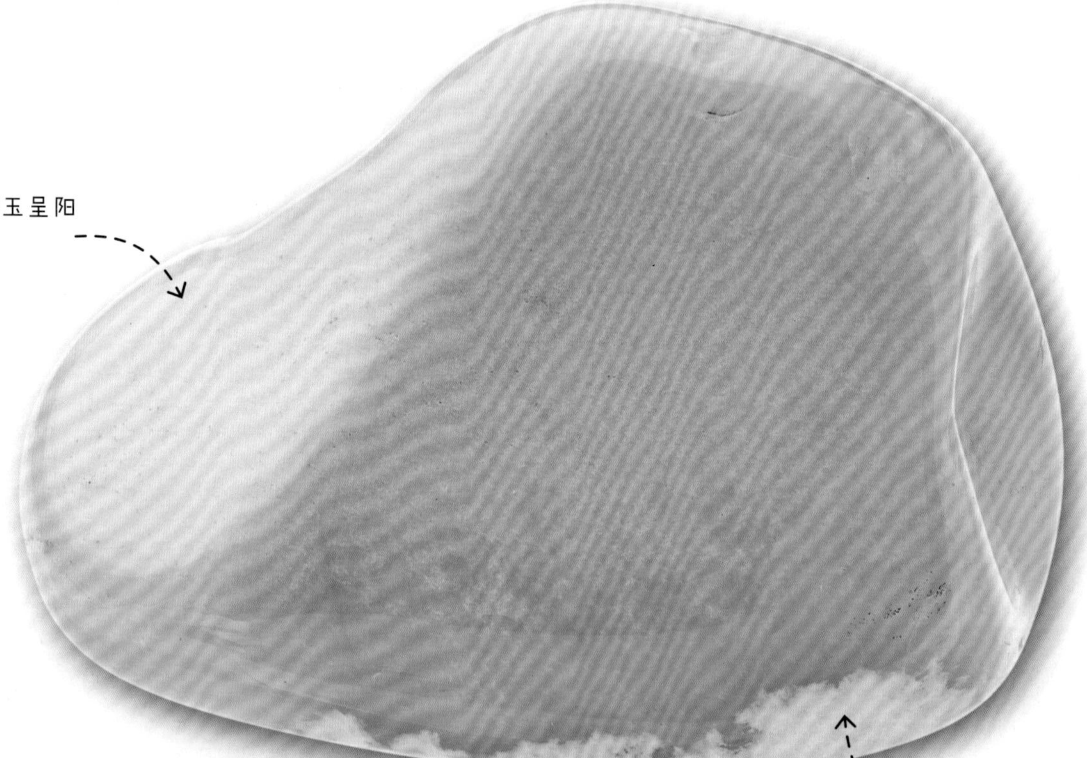

这块硬玉呈阳绿色。

玉石具有玻璃或油脂光泽。

绿色的黄金

在古代中国，玉石的价值甚至要高于黄金和钻石。玉石象征着忠诚和财富。由于玉石坚硬，而且能够被雕刻，因此中国从古代流传下来很多玉石雕刻艺术品。左图这块玉雕作品至少有300年的历史。

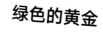

电气石

颜色范围

电气石是一种中高档的宝石，常被发现于花岗岩体附近。电气石是一个成员众多的大家族，目前已经发现了32种，其分类依据主要是颜色。电气石是一种脆性很强的矿物，也就是说它很容易被损坏。

西瓜

有一种电气石含有粉色和绿色两种颜色，被称为西瓜碧玺。

粉色的电气石英文名称为rubellite，也就是红碧玺。
电气石的晶体有3个完整的晶面。
绿色的电气石英文名称为verdelite，也就是绿碧玺。

伟晶岩

电气石经常被发现于伟晶岩中。伟晶岩是岩浆沿着地表裂隙上涌冷凝形成的。在冷凝的过程中形成大的结晶体。这种伟晶岩在世界各地都有分布。

云母

颜色范围

云母是一类十分常见的矿物，其晶体呈薄片状。云母的集合体很像书页或者玻璃海苔。云母是矿物收藏者的最爱之一——当然，收集云母时千万不能有把它们一层层撕开的欲望。

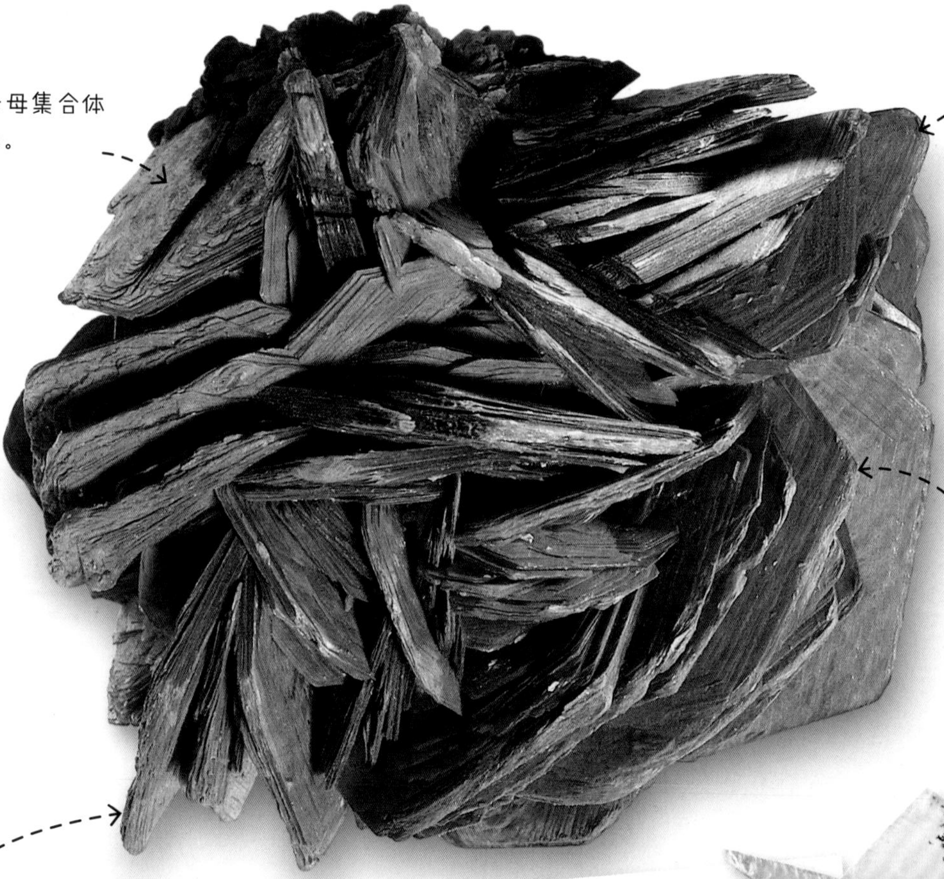
云母能被撕成很薄的薄片——从理论上讲，最薄的云母片只有一层原子。当然，只有借助非常尖利的指甲才能将云母片撕得尽可能的薄。
图中的云母集合体是白云母。
图中的白云母晶体呈六边形薄片。
云母片集合体呈书页状，由于云母是解理发育，所以可以将这本“书”一页页地撕下来。

云母窗

白云母片是无色透明的，阳光能照射过去。因此在古代，人们拿云母当作玻璃装在窗格上。

月光石

颜色范围

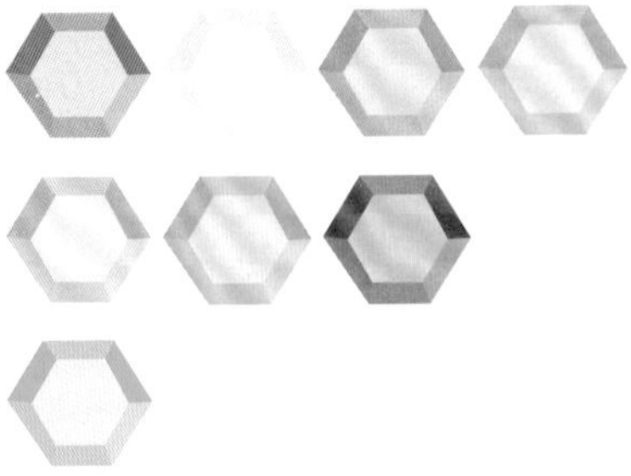

月光石是因其能反射光线，从而产生倒映在水中的月光的效果而得名。如果仔细观赏月光石，并将其不断翻转，可以发现它的颜色会发生变化。古罗马人和古希腊人都将月光石奉为神石。

古罗马人认为月光石是锁住月亮光线的神石。

月光石产生的光学效应还有其特有的名字——月光效应，也就是浅蓝色至乳白色带银光的晕彩。

月光石的主要组成矿物是一种超细层状矿物——冰长石，这种矿物对光线有很好的反射效果，故而使得月光石产生美丽的光彩。

月光石可以被切割打磨成表面光亮的宝石，使其反射光线的能力更强。

被抛光的月光石

玉髓

玉髓是一种晶体很小的石英集合体。由于晶体太小，肉眼无法分辨，只能借助仪器才能看到。和那些大的石英晶体（例如紫水晶）不同，玉髓表面光滑，并有玻璃质感。

红玉髓是半透明的，也就是说光线可以部分透射过来。红玉髓呈现的血红色是铁离子致色的结果。

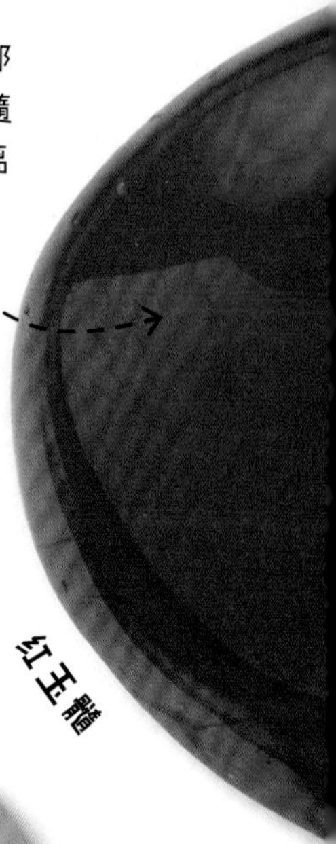

红玉髓

血玉髓其实是碧石中含有红玉髓的包裹体，看起来像布满了血点。

血玉髓

碧石

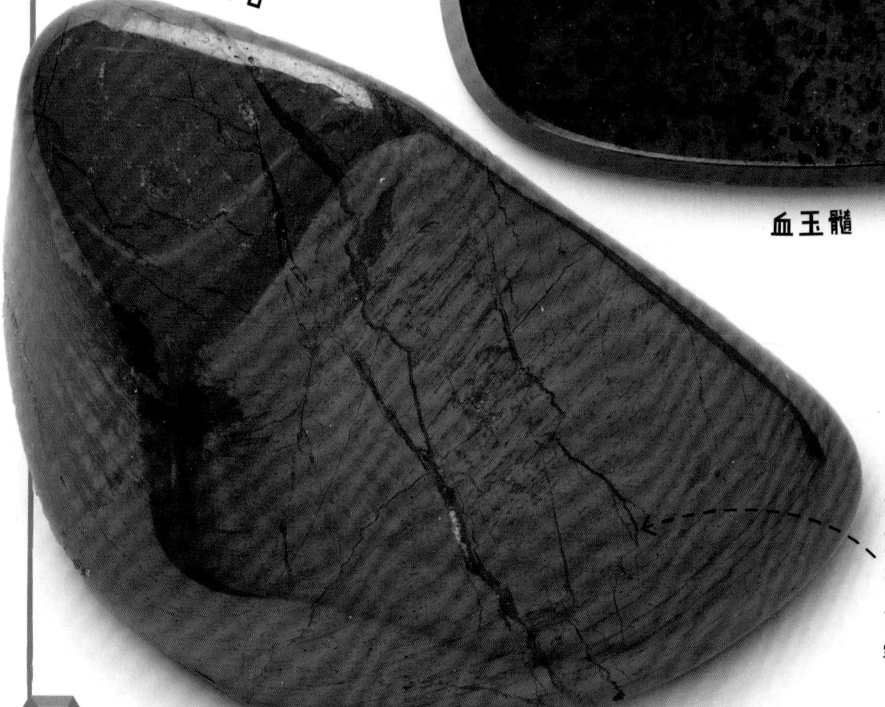

碧石是不透明的，故不能透过碧石看到其后面的东西。碧石经常呈棕色、黄色或红色，这也是铁离子致色的结果。

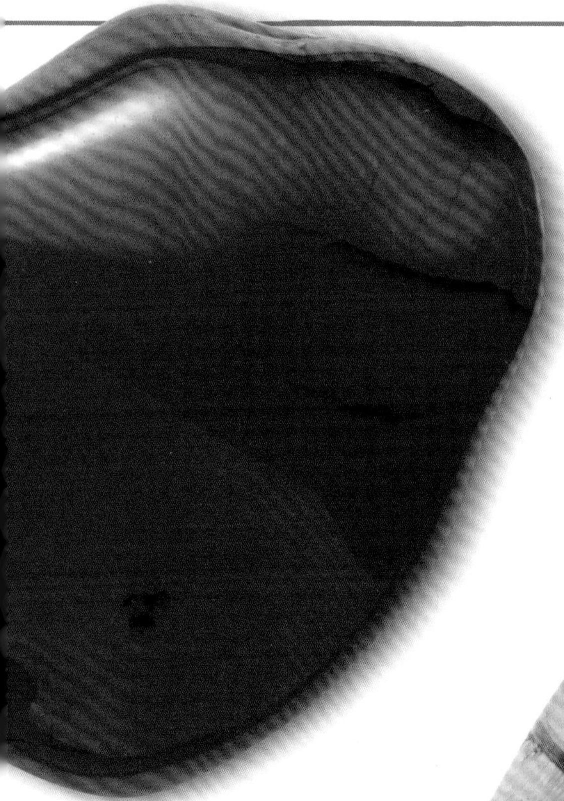

虎睛石具有猫眼光学效应，也就是在灯光的照射下呈现一道细细的亮线。当把虎睛石翻转倾斜时，其光泽会发生变化。

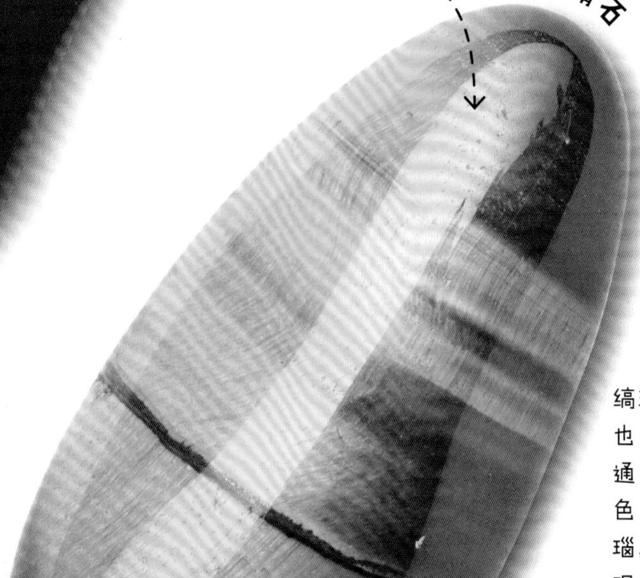

虎睛石

缟玛瑙是玛瑙的一种，也是一种常见的宝石。通常呈棕色、红色或黑色。下图中的这块缟玛瑙，在暗色的底子上出现几道浅色的条纹。

玛瑙有不同颜色的条纹。导致这种颜色变化的原因是每一层都有不同的致色元素，例如锰、铁、铜。

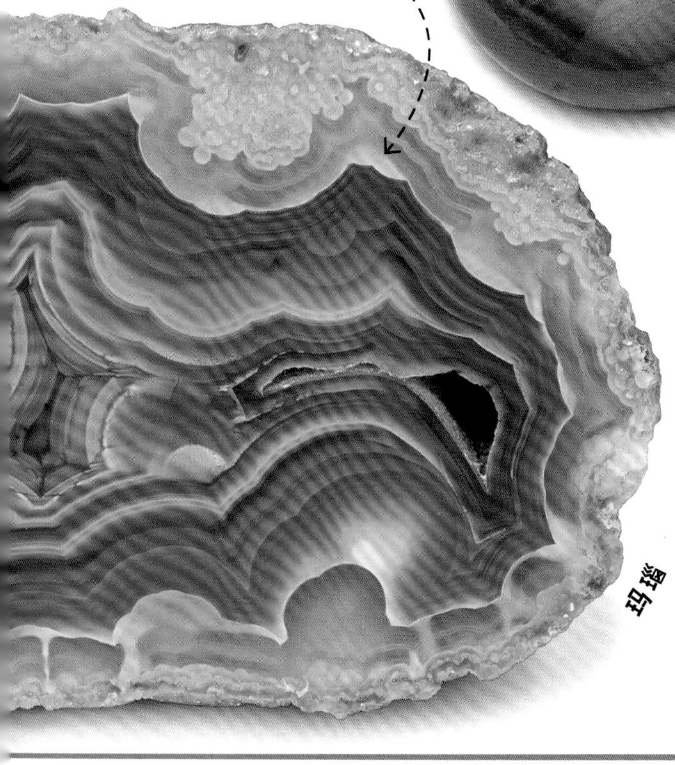

玛瑙

缟玛瑙

晶洞

晶洞是岩石内部的空洞被矿物晶体填充而形成的。晶洞是岩石洞穴的一种类型，当这里具备了结晶的条件时，在洞壁上就会有矿物形成，像是被镀了一层表皮。晶洞可以很小，也可以很大。墨西哥的地下水晶洞被誉为晶洞之王。

这个洞穴为碳酸岩溶洞，有一条深而大的裂隙从山顶直通洞穴。

当含有矿物质的热液流入洞穴以后，缓慢冷却，就会结晶。当科学家们把洞中的液体排出后，他们就可以进洞考察了。

热液是通过岩浆加热的。热液含有很多矿物质，这些矿物质冷却结晶后就形成了晶体。

这个巨大洞穴内
的透石膏晶体
可以达11米长、
1米宽。
由于洞穴内很热、很潮湿，因此科学家需要身穿防护服进洞考察。

晶洞是如何形成的

有些时候，溶有矿物质的液体渗流到岩石的孔洞中，矿物质从液体中析出结晶，就在洞的内部形成一层晶体。如玄武岩、石灰岩的孔洞中经常形成晶洞。

未被破坏的晶洞通常被一层层的围岩包裹，形成一个圆滚滚的像土豆一样的石球。

当将晶洞切开后，就会看到内部密密麻麻排列的矿物晶体。图中这块紫水晶的晶洞是因为含有二氧化硅的液体流经此处，通过二氧化硅结晶成石英而形成的。

石榴石

颜色范围

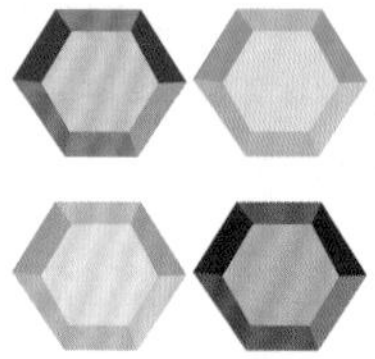

石榴石不是一种矿物，而是由6种矿物组成的一种宝石系列。石榴石大多为红色，因很像石榴子而得名。石榴石是人们最早买卖交换的宝石，而其能作为宝石不仅仅因为它漂亮，更重要的是其坚硬耐磨，还能够用于研磨其他硬度低的宝石。

目前常见的石榴石主要有5种。

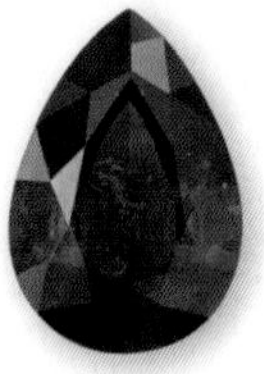

镁铝榴石

铁铝榴石

锰铝榴石

钙铁榴石

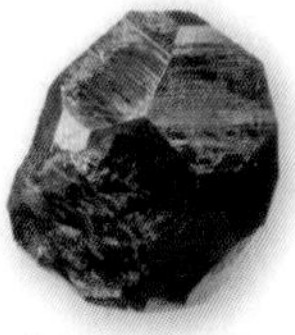

钙铬榴石

石榴石晶体的透明度差异很大，有不透明、半透明及透明的。

这种石榴石被称为钙铝榴石。

那些呈棕红色的钙铝榴石被称为铁钙铝榴石。

石榴石常呈球状十二面体，很像一个微缩版的红色足球。

拉长石

颜色范围

拉长石是矿石收藏爱好者最爱的矿石之一，因为其在光下会发出彩虹般的色彩，也被称为光谱石。彩虹也就是色散，是一束白光透过三棱镜而分解成的几种彩光。拉长石晶体类似于三棱镜，能够将白光分解。此外，雨天空气中的雨滴也会起到三棱镜的作用，能够使阳光发生色散形成彩虹。

拉长石的色散在矿物学上称为晕彩效应。
除了拉长石外，月光石也会出现晕彩效应。
将矿物表面抛光，使得光线非常容易进入矿物中，能够产生更好的色散效果。

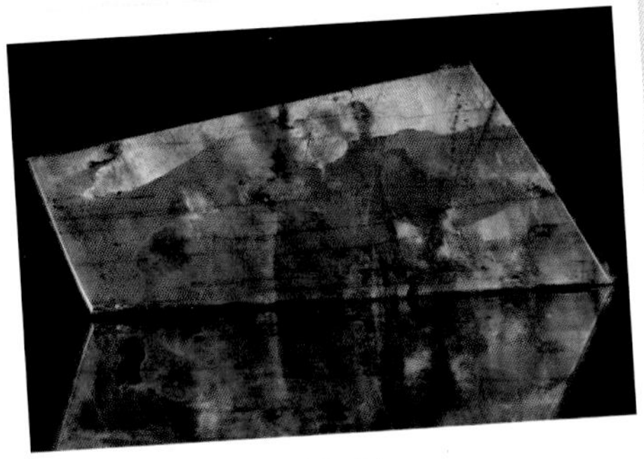

彩虹石

彩虹石

在拉长石中有一种十分稀有的品种，称为彩虹石。其色散的效果非常明显，能够呈现七彩光芒。

方钠石

方钠石是一种含有金属元素钠的深蓝色矿物。方钠石和石盐一样，不仅很轻，而且很脆，表面有很多裂隙，容易破碎。

颜色范围

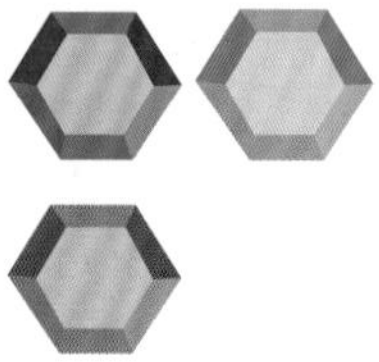

天青石

方钠石和天青石一样，都呈蓝色，都是青金石的组成矿物，也是青金石呈现蓝色的原因，但是其价值要比天青石低一些。

图中的白色斑块不是方钠石的组成部分，而是方钠石结晶的围岩。

方钠石的颜色为品蓝色。

很脆的矿物

不要将方钠石装在口袋里或者与其他矿物混着放在一起——因为它很容易破碎。尽管如此，它还是能被切割成宝石。

方钠石破碎会发出难闻的气味——因为该矿物中经常含有硫。这和臭鸡蛋发出臭味的原因一样。

绿松石

颜色范围

绿松石是一种早年在土耳其流行的宝石，因为其表面呈松绿色而得名。绿松石在中东、墨西哥、美国、中国等国家都有发现。绿松石和青金石、玉石一样是很久之前就被人们开采、交易的宝石，也是各国间贸易的重要商品。

绿松石阿兹特克面具

古人眼中的神石

绿松石在很多古代文明中都被奉为神石，在玛雅、阿兹特克、波斯、美索不达米亚等古代文明中都有绿松石制品。

绿松石晶体没有特定的几何形状，而且需要在显微镜下才能勉强分辨出来，甚至有时在显微镜下都很难看清。

绿松石的岩石有的为淡蓝色，也有的呈淡绿色或蓝绿色。

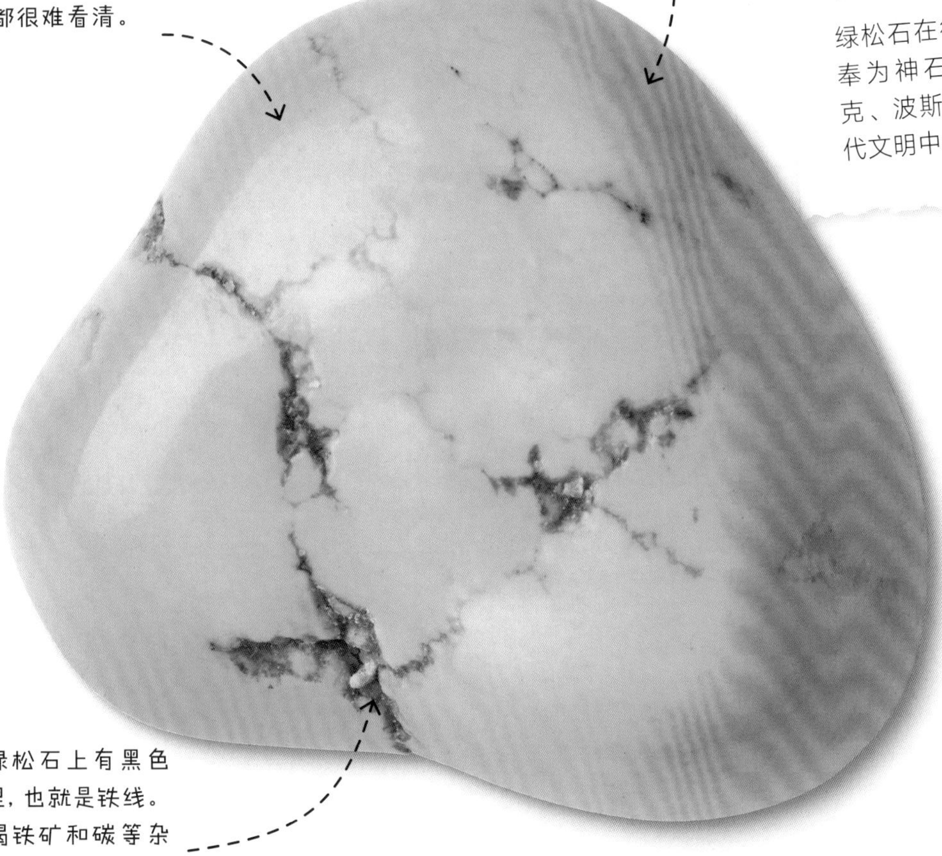

这块绿松石上有黑色的纹理，也就是铁线。这是褐铁矿和碳等杂质聚集而形成的。

绿松石通常被用来制作珠宝或雕刻艺术品。

萤石

颜色范围

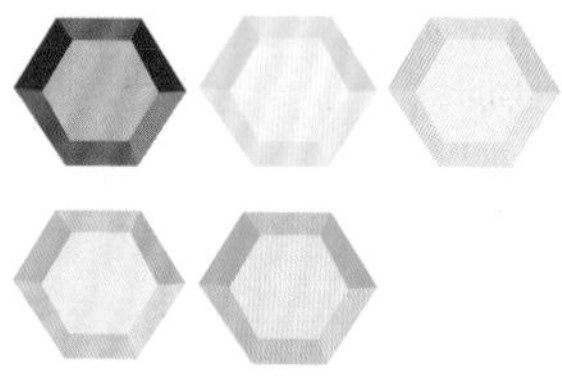

萤石也被称为氟石，颜色从无色透明到多种颜色。萤石在世界各地都有发现，它经常和多种矿物和宝石共生。故当一个岩矿收藏爱好者收集萤石时，往往会有其他意外的收获。因此萤石也被称为“指示矿物”。

萤石在紫外线下能够发光。

萤石的颜色有很多种，即便是同一块晶体也会有几种颜色。例如，图中的这块萤石就有紫色的条纹。

萤石晶体通常呈立方体。

蓝色、紫色的品种是萤石中的精品。

蓝色约翰萤石

蓝色约翰萤石是萤石中的蓝色和紫色变种，在18世纪被发现于英国德比郡。德比郡的这个萤石矿以出产装饰用的岩石矿物而赫赫有名，至今还在被开采利用。

蓝色约翰萤石杯

蔷薇辉石

颜色范围

蔷薇辉石因其呈美丽的粉色或玫瑰红色而成为了宝石材料，其颜色甚至可以与红宝石媲美。蔷薇辉石的英文是Rhodonite，其词根Rhodon在古希腊语中的意思就是蔷薇。蔷薇辉石是一种可以提炼锰的矿物，正是锰元素使其呈粉色。

冒牌替身

菱锰矿和蔷薇辉石外观很像，也通常被误认为是蔷薇辉石。当然在宝石雕刻师的眼中，它们就很容易被区别开来。宝石雕刻师更喜欢加工蔷薇辉石，而不喜欢加工菱锰矿——菱锰矿由于硬度较低，可能在雕刻过程中更容易磨损或损坏。

在这块标本上，我们很难看到明显的蔷薇辉石晶体。

蔷薇辉石具有玻璃光泽。

如果将蔷薇辉石长期暴露在空气中，其里面的锰元素会进一步被氧化而变成黑色。

在黑暗中发光

你收集的一些岩石标本没准会给你带来惊喜——它们中会含有一些特殊的矿物，在特殊的灯光下会发出紫外光。这种受到照射会发光的现象被称为荧光现象。

“荧光现象”这个名称就源于萤石这种发光矿物。

矿物中与紫外线作用导致矿物发光的成分称为“激发组分”。萤石中的激发组分就是氟元素，在紫外光下，氟受到激发使萤石发蓝光。

萤石

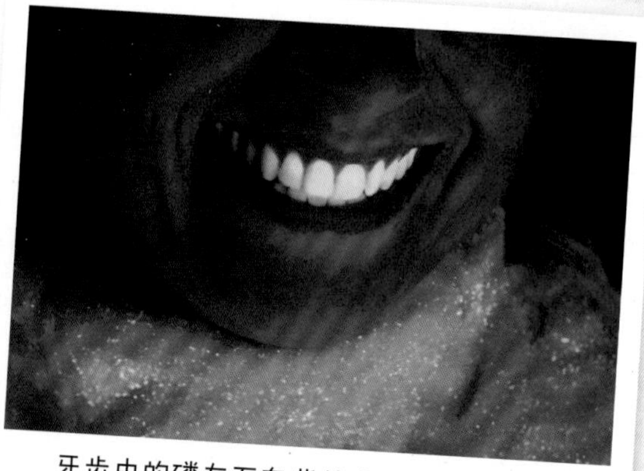

牙齿中的磷灰石在紫外光下发出白光。

能发白光

你知道吗？在你的身体内有各种矿物质，其中有一种能发光的矿物就在你的牙齿上——磷灰石。磷灰石因为含有氟，因此在紫外光下能发出白光，就像左图看到的效果。

方解石

发粉色荧光的方解石

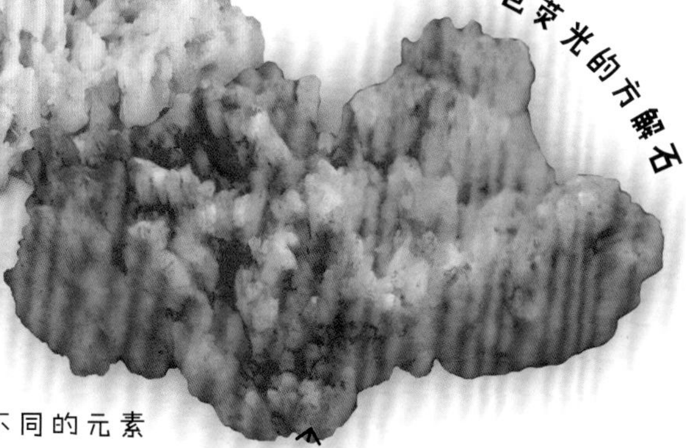

当矿物中含有不同的元素时，受到激发后发出的荧光颜色也不同。例如，当方解石中含有锰时，就会发出粉色的荧光。

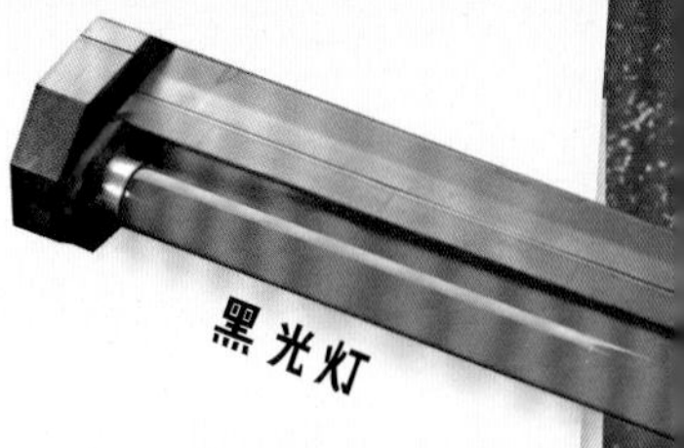

黑光灯

注意

一些矿物商店也会销售短波紫外灯。短波紫外灯和太阳光一样能发出紫外光，导致我们皮肤被晒黑甚至灼伤。一些长波紫外灯，例如黑光灯，则不会造成这样的伤害。因此，在使用短波紫外灯时，一定要避免直视，且避免让自己的皮肤暴露在灯下太久。此外，未成年人使用紫外灯光观察时必须有成年人在一旁帮助指导。

发荧光的萤石

这块方钠石标本在普通灯光下颜色暗淡，但是在紫外灯光下发出偏蓝的黄色荧光。

方钠石

发荧光的方钠石

水砷锌矿

发荧光的水砷锌矿

水砷锌矿在紫外灯光下发出绿色的荧光。

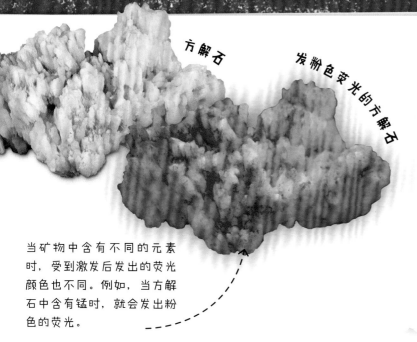

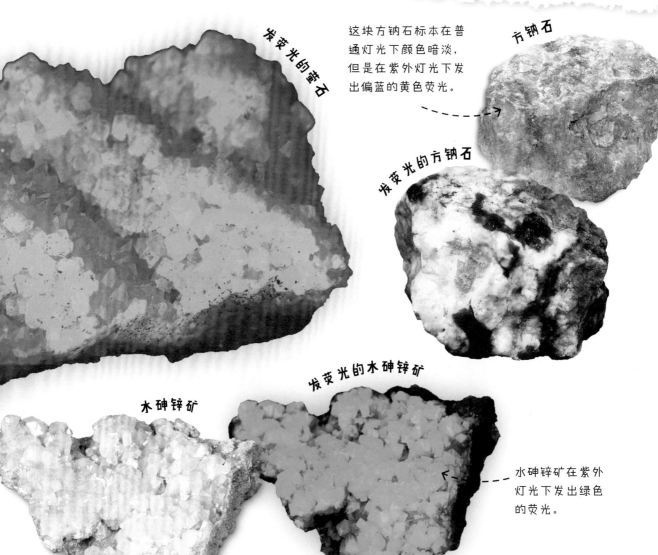

切割宝石

天然宝石通常都比较耀眼夺目，而把宝石切割和打磨后，光线折射和反射的效果会更好，宝石看起来更加熠熠生辉。加工宝石的工匠就是宝石雕刻师。

这款放大镜是宝石雕刻师专用的，他们通过这个仔细观察宝石的切割面是否平整和完好，以及是否有瑕疵。

原石

这块正在被切割和抛光的是合成立方氧化锆的原石。挑选宝石的原石时主要看净度，也就是要求其没有裂隙或者杂质。

1

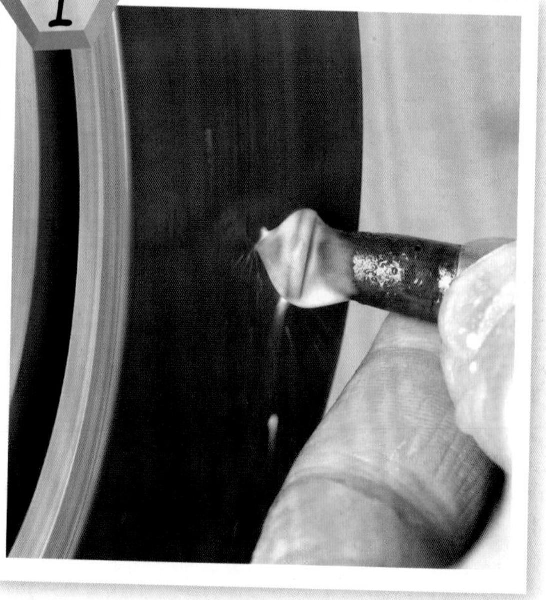

第一步就是将原石在砂轮上打磨成需要的形状。打磨的时候，原石被放置在涂有一层蜡的磨杆上。

2

第二步就是要确保宝石的顶面绝对平整光滑，不能有任何瑕疵。这需要用肉眼通过网格线仔细观察。

3
在砂轮上要不断滴水，
防止灰尘飞扬。

砂轮上有一圈圈特殊的凹槽，用来增加切割钻石的面，想要将每个面打磨成形都需要使钻石在特定的凹槽中转特定的圈数。

4

用更为精细的打磨仪器将钻石顶部的每个小面磨平，使其反射光的能力增强，整颗宝石变得更闪亮。

5

当将钻石的顶面打磨完成后，就开始打磨其亭部的各个面。

切割好的钻石

明亮式切割

经过耐心细致、艰苦的切割打磨，宝石原石就变成光彩夺目的珠宝玉石了。这种将原石切割打磨成光亮珠宝玉石的过程又被称为明亮式切割。

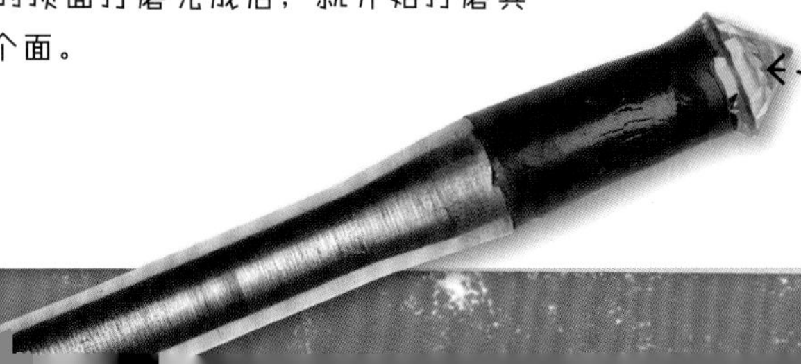

将待切割打磨的宝石原石用蜡胶固定在打磨棒上。

珍贵的宝石

目前市场上最为昂贵的宝石具有三个特征：稀有、无瑕、硕大！当这些宝石的原石经过细致的打磨和切割后，会变成光彩熠熠、价值不菲的珠宝玉石。在很多国家及古代文明中，拥有珠宝玉石是财富和地位的象征。

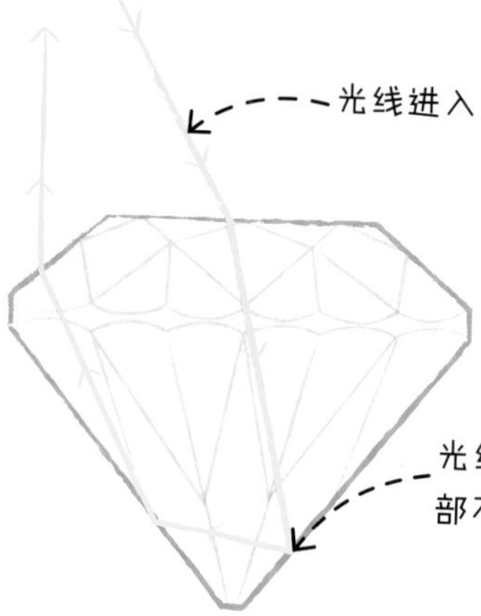

明亮式切割

宝石的切割要遵循其光学特性，使得进入宝石内部的光线能够全部得到反射。这样宝石就显得光彩夺目、熠熠生辉。此图展示了光线在宝石内部形成的全反射。该宝石被切割成多面的圆锥形，每个面的面积和倾斜角度完全由该宝石的反射率和折射率决定，而且宝石底部为尖端，这种切割就是明亮式切割。

蓝宝石

一些被切割后的蓝宝石从不同角度看会呈现不同的颜色。

钻石是最为昂贵的宝石之一。钻石并非我们想象的那样稀有，但是没有解理和瑕疵，能够作为宝石材料的钻石则是凤毛麟角了。

钻石

红宝石

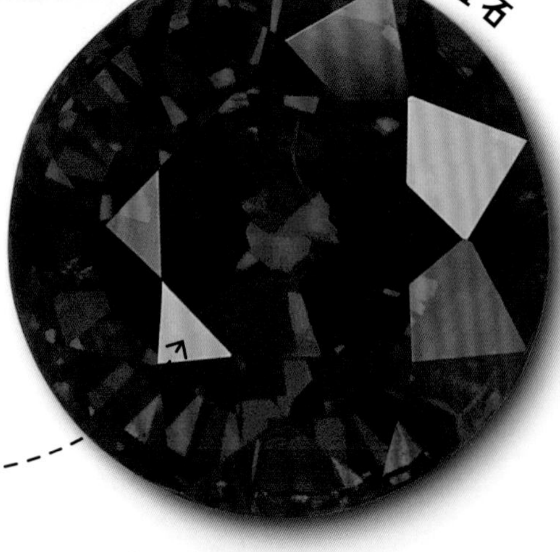

宝石可以根据其价值分为不同的档次，如右图中的红宝石就是价值很高的高档宝石，而玛瑙则是中低档宝石。

蛋白石

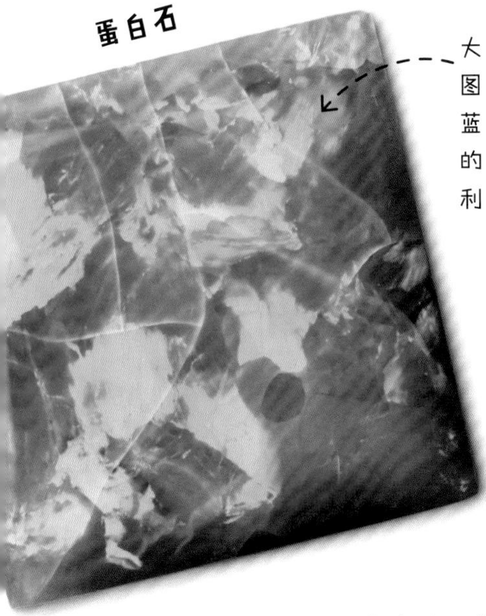

大多数蛋白石，例如左图中的这块，呈绿色和蓝色。当然，最为珍贵的蛋白石则是产自澳大利亚的黑蛋白石。

合成宝石

并不是所有的宝石都是天然形成的。使用现代技术可以使矿物晶体在实验室里生长，因此也就出现了人工合成的宝石。

合成红宝石

天然宝石和人工合成的宝石由于在物理性状上高度一致，有时很难分辨。

合成蛋白石

合成祖母绿石

含铬的绿色的绿柱石被称为祖母绿，它和钻石一样是世上最为昂贵的宝石之一。

祖母绿

无价之宝

一些宝石，例如粉色之星钻石，是极其罕见和美丽的。这些宝石的重量以克拉计，1克拉只有0.2克。粉色之星钻石有60克拉重，并且呈罕见的粉色。在2013年的一场拍卖会上，这颗钻石被拍出了8300万美元的天价。

粉色之星钻石

有机宝石

宝石是没有生命的，但是它们可能曾经是生命有机体。一些宝石是远古树木或者动物留下的遗物。这些生命有机物会被沉积物掩埋，成为镶嵌在岩石中的化石。

煤晶雕刻品

和煤炭一样，煤晶也是古代树木经过亿万年地质作用形成的化石。煤晶反射率很高，经打磨后显得油亮亮的，因此是良好的雕刻艺术材料。

天然煤晶

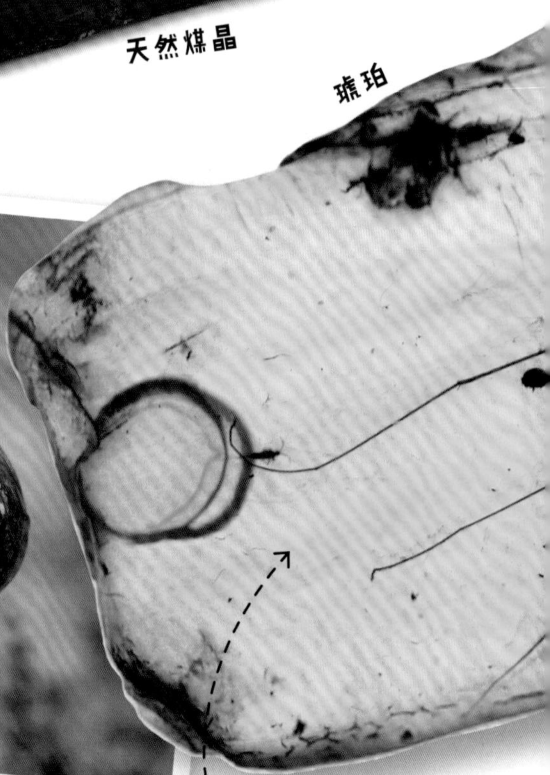

琥珀

生长出的宝石

生物体本身也能孕育宝石。例如，海中的扇贝孕育珍珠，而远古的树木经过亿万年矿物质交代也会形成树化玉。

一些松柏类植物一旦树皮受伤就会分泌出树脂将伤痕封住。

琥珀就是变成化石的树脂。琥珀内经常含有昆虫，说明在远古时期，一些树上的昆虫会被树脂黏住并迅速包裹起来与外界空气隔绝。亿万年后，树脂变成了琥珀，而远古的昆虫成为了实体化石，且还保留着生前的模样。

和琥珀一样，柯巴树脂也是树脂凝固形成的。它和琥珀的区别在于柯巴树脂的形成年代较近，还没有完全化石化。

柯巴树脂

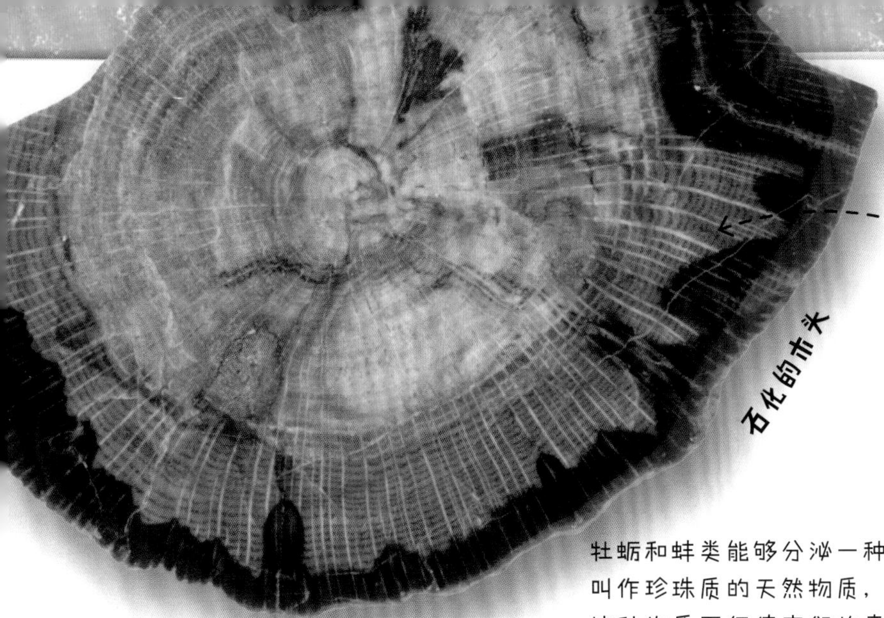

石化的木头

亿万年之后，曾经的树干被矿物质，如方解石、硅质交代，变成了岩石，但是还能清晰地看到树木的年轮。

牡蛎和蚌类能够分泌一种叫作珍珠质的天然物质，这种物质不仅使它们的壳变得有光泽，而且能够形成漂亮的珍珠。

珍珠

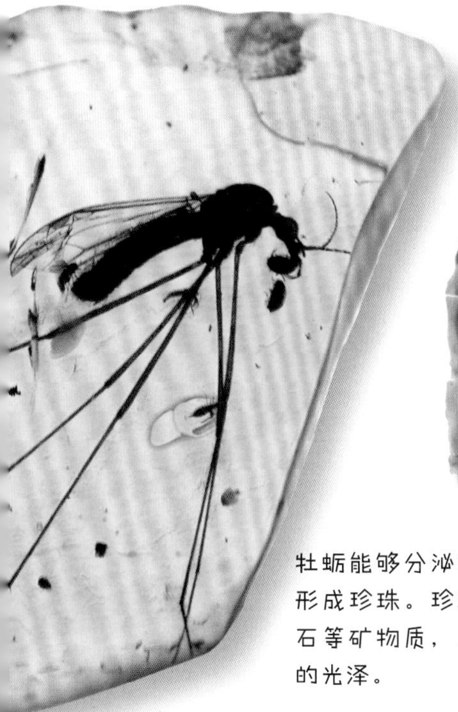

牡蛎

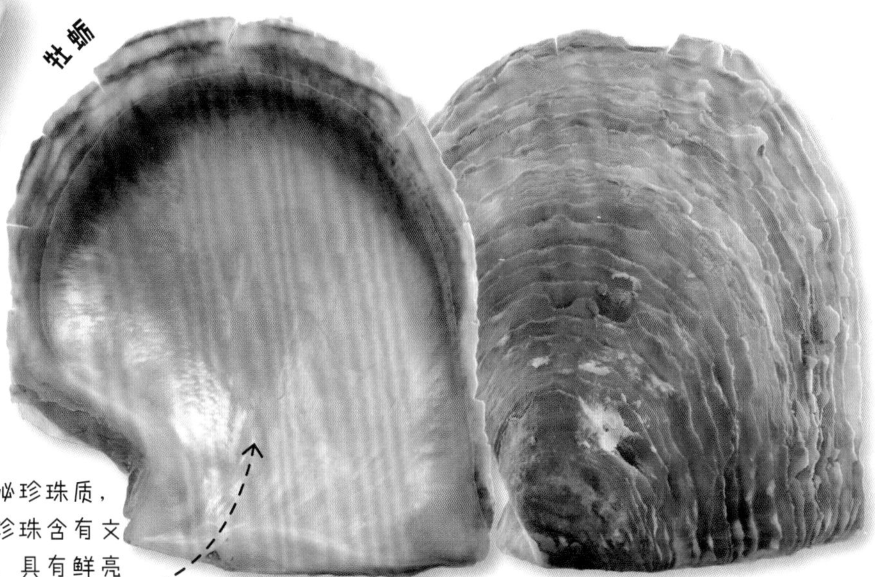

牡蛎能够分泌珍珠质，形成珍珠。珍珠含有文石等矿物质，具有鲜亮的光泽。

鲍鱼壳

一些海螺也能分泌珍珠质。比如这个被抛光打磨的鲍鱼壳就展示出了五光十色的珍珠质成分。

珍珠是如何形成的

珍珠是大海赐予人类的宝贵财富！它是海中有壳类生物（如牡蛎）的杰作。珍珠由于其美丽的光泽常被用来制作耳环和项链。

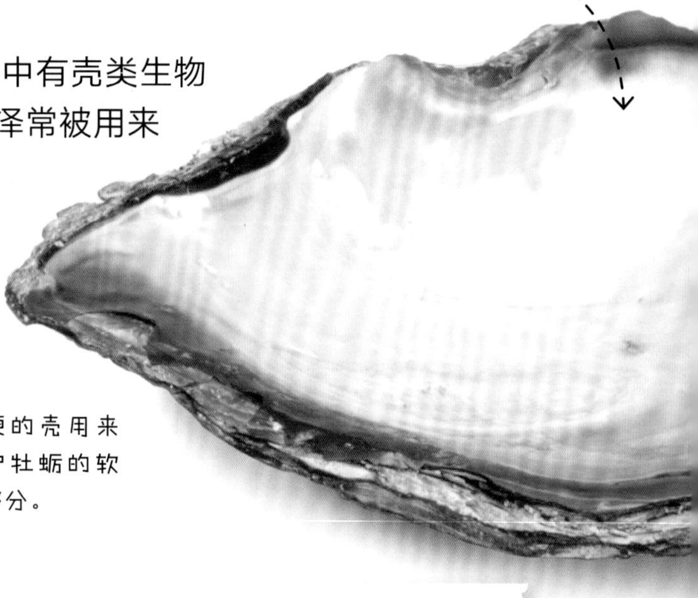
一些双壳类壳的内部有一层光泽极美的表层，这就是珍珠质。

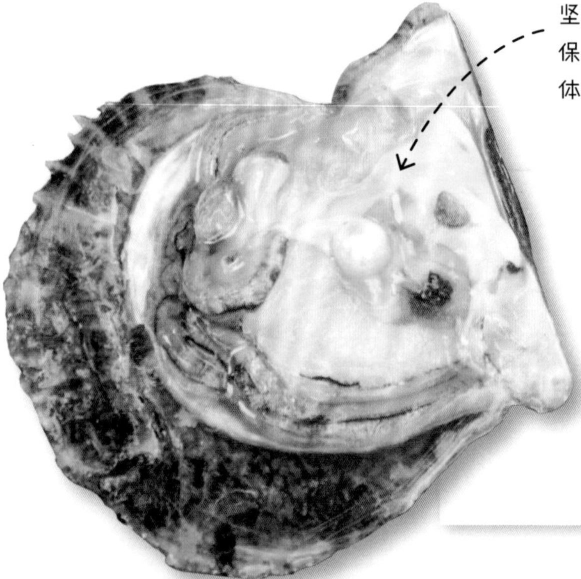
坚硬的壳用来保护牡蛎的软体部分。

牡蛎是一种怎样的动物

牡蛎是软体动物门双壳纲的一个成员。软体动物门还包括我们常见的花园田螺和蜗牛。但是和这些陆生的软体动物不同，牡蛎为海生生物，它们生活在海床上，靠滤食泥沙中的微生物生存。

珍珠形成的过程

当一颗沙粒进入牡蛎的壳以后，牡蛎便开始分泌珍珠质将其层层包裹。此外，牡蛎还会分泌珍珠质在壳内壁形成珍珠质层。球状的珍珠由于稀有而弥足珍贵。

珍珠在牡蛎的壳内形成。

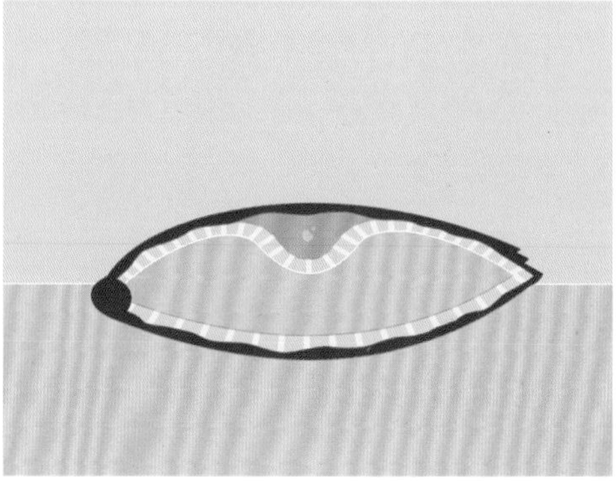

有时候，一颗小粒沙会进入牡蛎的壳内并且被卡在某个位置不能出来。

1

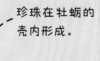

珍珠被人工批量养殖。

养殖珍珠

你在商店看到的一些珍珠其实并非纯天然的，而是来自人工养殖的珍珠。在水产养殖场，人们会在珍珠贝壳内放置特殊的材料，刺激其分泌珍珠质，形成珍珠。

珍珠项链

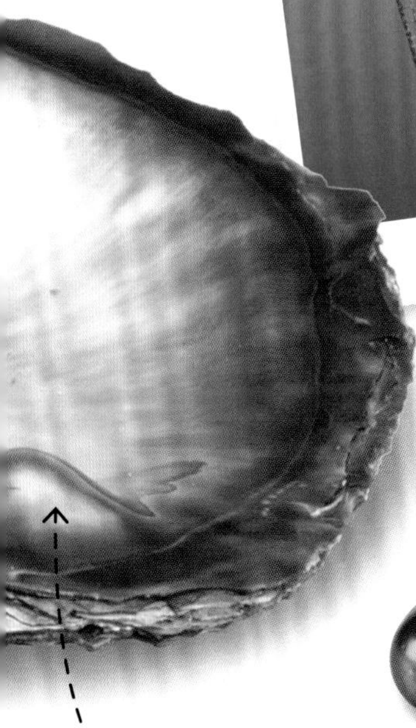

当珍珠附着在壳上时被称为附壳珍珠。

一些珍珠由于含有其他成分而呈现不同的颜色。

淡水珍珠

牡蛎珍珠又被称咸水珍珠，因为牡蛎都是海生的。但是一些产珠的蚌类则生活在湖泊或溪流中，它们产的珍珠被称为淡水珍珠。

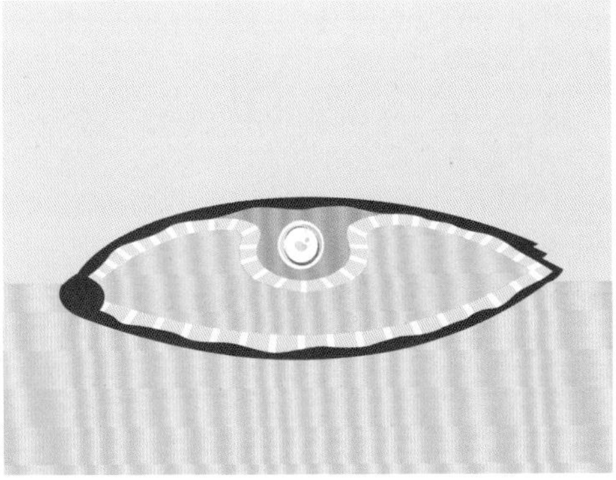

2

由于壳内进入沙粒而产生了刺激，牡蛎开始分泌珍珠质，将沙粒一层层包裹起来，珍珠便开始逐步生成。

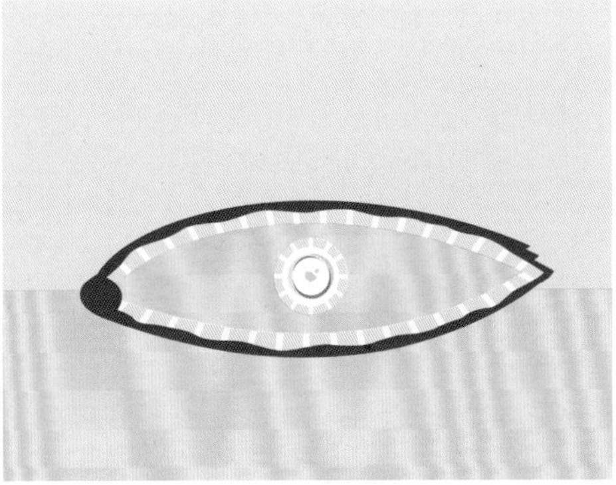

3

经过几年的时间，随着珍珠质一层一层地包裹，一颗坚硬、光滑有光泽的小球——珍珠就形成了。

生辰石

很久以前，人们就将12个月与12种特定的岩石联系在一起，形成生辰石文化。生辰石文化已经存在了几千年之久，但是每个月的生辰石并非从古至今一直固定不变，而是会随着时间而发生变化。

绿松石

绿松石是12月的生辰石，当然，锆石和坦桑石也是12月的生辰石。

托帕石

托帕石和黄水晶是11月的生辰石。

欧泊

欧泊和碧玺是10月的生辰石。

蓝宝石

蓝宝石是除红色以外的其他达到宝石级刚玉宝石的通称，是9月的生辰石。

橄榄石

橄榄石是8月的生辰石。

红宝石

红宝石是红色达到宝石级的刚玉，是7月的生辰石。

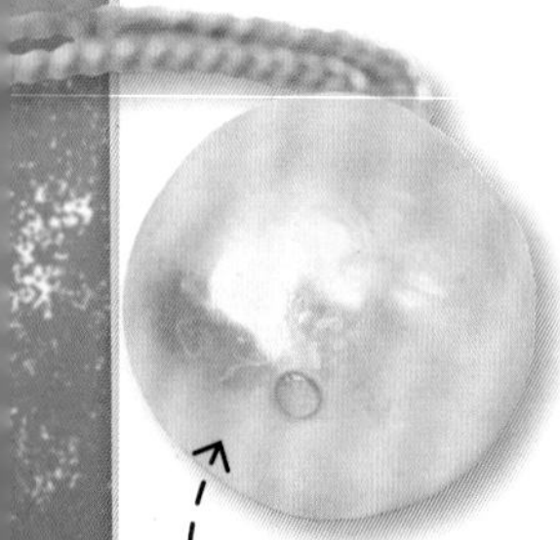

像珍珠这样的宝石可以用来制作项链和手镯。

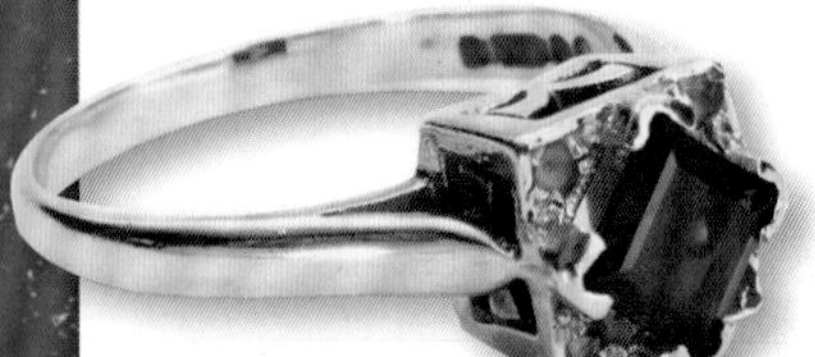

那些能够发出光彩的宝石级矿物，例如欧泊，可以用来制作戒面。

石榴石

石榴石其实是一个矿物系列，其中大部分呈红色，是1月的生辰石。

1月

紫水晶

水晶有多种颜色或者无色透明，其中紫水晶是2月的生辰石。

2月

在澳大利亚昆士兰发现的“黑色之星”其实是一颗黑色的刚玉，也就是黑色蓝宝石。

3月

海蓝宝石

海蓝宝石是蓝色的绿柱石，是3月的生辰石。

4月

钻石

钻石是4月的生辰石，在英国，无色透明的水晶也是该月的生辰石。

5月

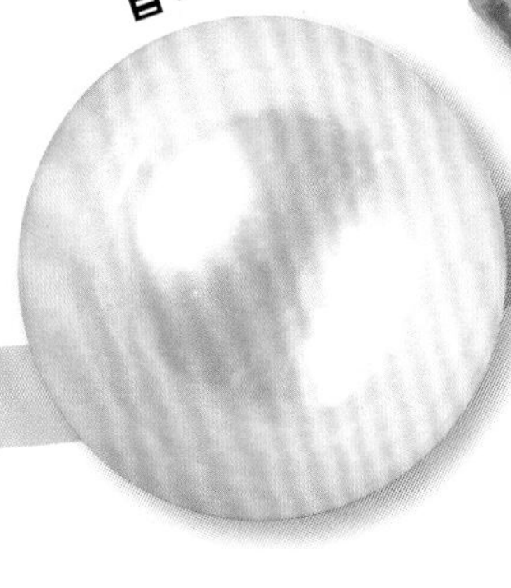

6月

紫水晶可以作为耳坠的宝石材料。

祖母绿

祖母绿是含铬的绿色绿柱石，是5月的生辰石。

珍珠

珍珠和月光石都是6月的生辰石。

小结

这本书仅仅介绍了成千上万种岩石矿物中最常见的一小部分，里面的知识也是最基础、最浅显的部分。本页和下页已将书中所有展示的矿物岩石标本罗列在一起。看着这些图片，你能说出它是哪种岩石或矿物吗？

玛瑙
Agate
P69

铁铝榴石
Almandine
P72

天河石
Amazonite
P59

紫水晶
Amethyst
P56

钙铁榴石
Andradite
P72

无烟煤
Anthracite
P33

文石
Aragonite
P29

耀水晶
Aventurine
P57

玄武岩
Basalt
P22

血玉髓
Bloodstone
P68

方解石
Calcite
P29

红玉髓
Carnelian
P68

白垩土
Chalk
P29

黑硅石
Chert
P30

黄水晶
Citrine
P57

黏土
Clay
P32

煤炭
Coal
P33

达尔马提亚岩
Dalmatian Stone
P25

闪长岩
Diorite
P25

白云岩
Dolomite
P28

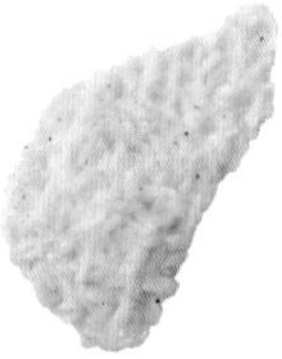
白云石
Dolomite
P29

绿帘石
Epidote
P23

长石
Feldspar
P20

燧石
Flint
P30

萤石
Fluorite
P76

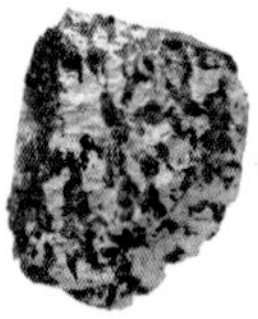
辉长岩
Gabbro
P22

石榴石
Garnet
P72

片麻岩
Gneiss
P39

花岗岩
Granite
P20

钙铝榴石
Grossular
P72

赤铁矿
Haematite
P60

角岩
Hornfels
P41

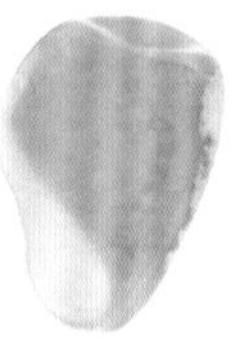
硬玉
Jadeite
P64

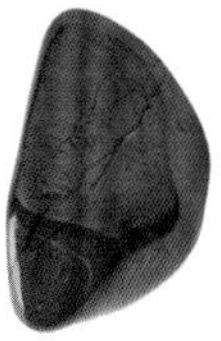
碧石
Jasper
P68

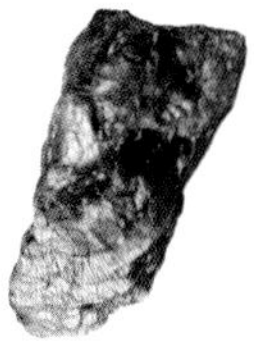
拉长石
Labradorite
P73

青金石
Lapis Lazuli
P38

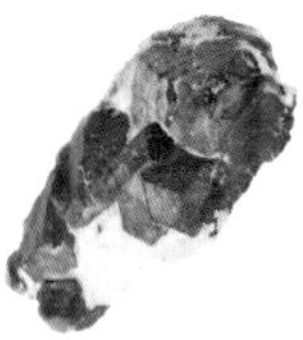
天青石
Lazurite
P74

石灰岩
Limestone
P28

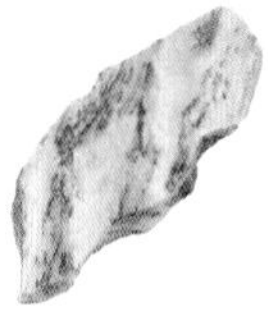
大理岩
Marble
P36

云母
Mica
P66

月光石
Moonstone
P67

泥岩
Mudstone
P39

软玉
Nephrite
P64

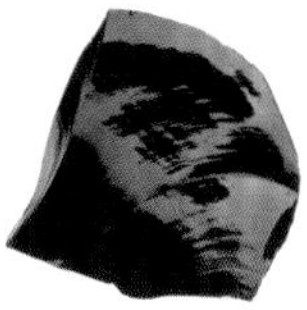
黑曜石
Obsidian
P21

缟玛瑙
Onyx
P69

伟晶岩
Pegmatite
P65

浮石
Pumice
P24

黄铁矿
Pyrite
P61

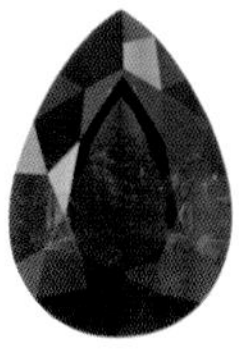
镁铝榴石
Pyrope
P72

石英
Quartz
P53

石英岩
Quartzite
P36

菱锰矿
Rhodochrosite
P77

蔷薇辉石
Rhodonite
P77

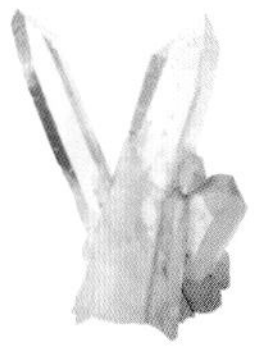
水晶
Rock crystal
P57

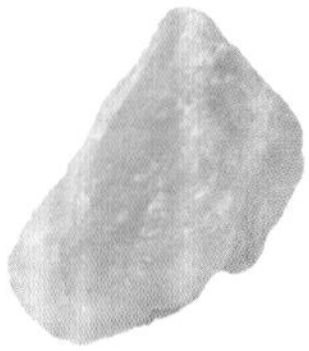
蔷薇石英
Rose Quartz
P56

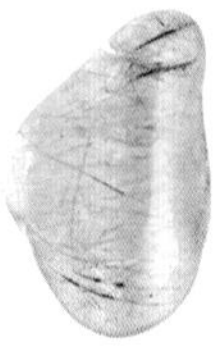
金红石石英
Rutilated Quartz
P57

砂岩
Sandstone
P31

片岩
Schist
P37

页岩
Shale
P32

板岩
Slate
P40

烟晶
Smokey quartz
P56

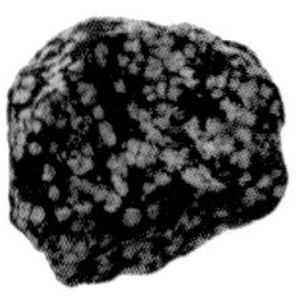
雪花黑曜岩
Snowflake obsidian
P21

方钠石
Sodalite
P74

彩虹石
Spectrolite
P73

锰铝榴石
Spessartite
P72

虎睛石
Tiger's eye
P69

托帕石
Topaz
P58

电气石
（碧玺）
Tourmaline
P65

石灰华
Travertine
P29

绿松石
Turquoise
P75

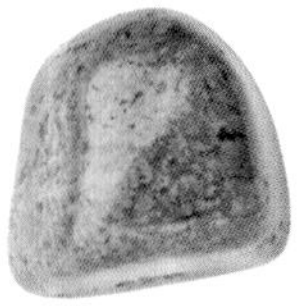
绿帘花岗岩
Unakite
P23

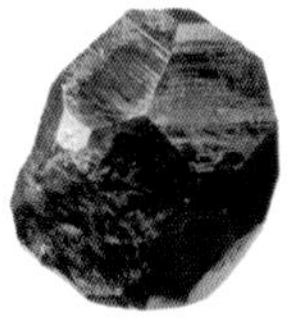
钙铬榴石
Uvarovite
P72

名词术语

猫眼效应（chatoyancy）
这是矿物的一种光学效应，也就是在灯光的照射下，由于矿物的反射而呈现一道亮光，很像猫的眼睛中细长的瞳孔。这种光学效应以金绿宝石最为典型。

解理（cleavage）
晶体或晶粒在外力打击下总是沿一定的结晶方向裂成平面的性质。

贝壳状断口（conchoidal fracturing）
某些矿物受到外力敲击后裂开，形成弯曲类似贝壳纹理的断口。

地核（Core）
地球最内部的圈层，又分为内核和外核。内核为固态，主要由铁和镍组成；外核为液态。

地壳（crust）
地球最外部的固体圈层，坚硬、温度低，承载着地球上的所有生命。

矿物晶体（crystal）
组成矿物的化学物质结晶形成的晶体，有特定的几何形状，例如立方体。

元素（element）
组成包括矿物晶体在内的各种材料的基本化学物质。从化学角度看，不同元素之间的区别在于原子的核电荷数不同。目前已经发现天然的或人工合成的元素有118种。

剥蚀（erosion）
受到风、水及其他自然因素的作用，岩石破碎，形成松散沉积物的外动力地质作用。

刻面（facet）
雕刻宝石时形成的平整面。

荧光（fluorescence）
具有发光性的物体，在外界激发时发光；而激发停止，则发光也停止。

化石（fossil）
远古生命留存下来的遗体或遗物，通常保存在沉积岩中。

宝石（gemstone）
宝石是那些相对稀有、持久及美丽的岩石或矿物，通常被切割打磨。

晶洞（geode）
岩石中的坑洞，后来其内壁由于不断结晶最终被矿物晶体所填充。

金刚砂砾（grit）
放置在打磨滚筒中用来打磨岩石的坚硬而细的颗粒物。

结晶习性（habit）
某种矿物晶体通常的形态，主要分为一向延伸（柱状或针状）、二向延伸（板状、薄片状）及三向延伸（如球状、立方体等）。

岩浆岩（igneous）
三大类岩石中的一类，由岩浆或熔岩冷凝形成。岩浆岩有的形成于地下深处，有的则是岩浆随火山喷出地表后形成的。

宝石雕琢工艺（lapidary）
对宝石的原石进行切割、抛光、雕刻，使其成为珠宝首饰或装饰品的工艺。

熔岩（lava）
喷出地表的岩浆。

光泽（lustre）
岩石或矿物表面对可见光的反射能力及效果。

岩浆（magma）
呈熔融状态的岩石物质。在地表下很深的地方，也就是位于上地幔的上部，那里有一层软流圈，是岩浆的发源地。

地幔（mantle）
地壳内部圈层的中间一层，分为上地幔和下地幔。上地幔为固体，有一层软流圈，岩石的状态有些类似牙膏；而下地幔的岩石呈液态。

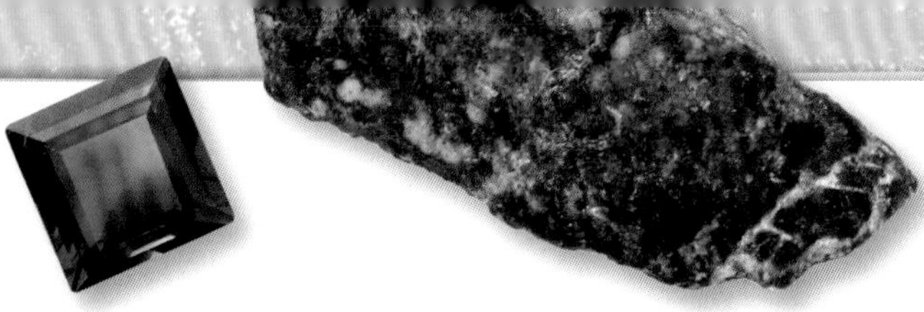

变质岩（metamorphic）
三大类岩石中的一类，这类岩石是在温度、压力及岩浆或热液的作用下，发生了重结晶或者交代作用，导致结构及矿物组成发生了变化而形成的。

矿物（mineral）
矿物是由地质作用形成的天然化学物质，也就是天然单质和化合物，是组成岩石的基本单元。

摩氏硬度计（Mohs scale）
衡量矿物之间相对硬度的指标，数值为1~10，每个数值都有一个代表矿物，其中1为滑石，是最软的矿物；10为金刚石，是最硬的矿物。

珍珠质（nacre）
珍珠质是牡蛎和蚌类分泌出的一种物质，在其壳的内壁形成一个光亮层。当珍珠质将沙粒层层包裹以后，就形成了珍珠。

自然金属（native metal）
自然形成的金属单质，如自然金、自然铜等。

矿石（ore）
富含某种有用矿产（通常是金属），并且可以用于提炼的岩石或矿物。

化石化作用（petrify）
生物有机质（如树干）在沉积物中被其他矿物质交代。可以说这些生命有机体变成了石头。

岩石（rock）
岩石是由矿物和胶结物组成的坚硬的集合体。岩石可以分为岩浆岩、沉积岩和变质岩三大类。

岩石的循环（rock cycle）
岩浆岩、沉积岩及变质岩可以相互转换，岩石之间的相互转换称为岩石的循环。

岩石打磨机（rock tumbler）
用来将粗切割后的岩石或矿物原石打磨成光亮的宝石的机器。

岩矿迷（rockhound）
喜欢收集或收藏岩石、矿物、化石，并有浓厚兴趣鉴赏和研究它们的人。

原石（rough）
未经切割或打磨的岩矿宝石，需要经过打磨机或宝石加工师的加工。

沉积岩（sedimentary）
三大岩类中的一种，母岩经过风化、剥蚀作用后形成的沉积物沉积在海底、湖底或其他不受进一步干扰的地方，经过成岩作用后形成岩石，很多沉积岩呈层状。

变彩效应（schiller）
宝石在光线下经过反转呈现出不同的色彩。

条痕色（streak）
矿物在白色瓷板上划出的粉末的颜色，这是用于鉴别矿物的重要物理性质。

风化作用（weathering）
受到风、水、空气及各种自然的作用，岩石碎裂成小块或形成沉积物，或者被水等液体溶解。

孔洞（vug）
岩石中的凹坑或者与外界连通的洞，当矿物晶体在内部结晶时就形成晶洞。

词汇索引表

鸣谢及作者简介

原版书籍鸣谢——DK鸣谢下列为本书的出版做出贡献的人士：

Megan Weal ——编辑助理

Polly Goodman——校对

Richard Leeney——摄影

Sam moore——提供精美标本供摄影

Bettina——书中插图的绘制

Helen Peters——附录部分的编写

Holts Gems和Roger Dunkin——宝石切割展示

Elizabeth Dennie——辅助编辑工作

The publisher would like to thank the following for their kind permission to reproduce their photographs:

(Key: a-above; b-below/bottom; c-centre; f-far; l-left; r-right; t-top)

2 Dorling Kindersley: Holts Gems (bc). 3 Dorling Kindersley: Natural History Museum, London (tc). 4 Dorling Kindersley: Natural History Museum, London (br). 5 Dorling Kindersley: Natural History Museum, London (cb). 6 Alamy Stock Photo: B.A.E. Inc. (cr). 7 Dorling Kindersley: Natural History Museum, London (cl). 8-9 Alamy Stock Photo: Federico Rostagno. 9 Dorling Kindersley: Natural History Museum, London (br). iStockphoto.com: Mypurgatoryyears (bl). 10 Dorling Kindersley: Natural History Museum, London (cl, clb). 12 Dorling Kindersley: RHS and garden designer. (cr). 13 Dorling Kindersley: Natural History Museum, London (bc). 16 Alamy Stock Photo: John Cancalosi (bl). 17 Dorling Kindersley: Trustees of the National Museums Of Scotland (bl). 18 iStockphoto.com: SumikoPhoto (cr). 19 Alamy Stock Photo: Kevin Ebi (c). 20 Dorling Kindersley: Natural History Museum, London (c, crb). 22 Dorling Kindersley: National Trust (bl). 23 iStockphoto.com: VvoeVale (cra). 24 Alamy Stock Photo: David Fleetham (bl). 26-27 Alamy Stock Photo: Phil Degginger. 27 Dorling Kindersley: Natural History Museum, London (crb); The Science Museum, London (cra). 28 Alamy Stock Photo: Natural History Museum, London (clb). Dorling Kindersley: Natural History Museum, London (cra). 29 Dorling Kindersley: Natural History Museum, London (cl). iStockphoto.com: julof90 (br). 31 Alamy Stock Photo: Leon Werdinger (c). 33 Dorling Kindersley: Trustees of the National Museums Of Scotland and Trustees of the National Museums Of Scotland and Trustees of the National Museums Of Scotland (c). 35 Dorling Kindersley: Natural History Museum, London (tc, crb). 36 Alamy Stock Photo: RF Company (c). Dorling Kindersley: Natural History Museum, London (cra). Getty Images: Alxpin (br). 38 Dorling Kindersley: Cairo Museum (cra). 41 Alamy Stock Photo: Siim Sepp (c). 42 123RF.com: 36clicks (clb). iStockphoto.com: MileA (c). 43 Alamy Stock Photo: Joanne Millington (cla); WidStock (tl). 44 iStockphoto.com: Kerrick (clb). 45 Alamy Stock Photo: D. Hurst (bc). 46 Dorling Kindersley: Natural History Museum, London (c). 47 Dorling Kindersley: Natural History Museum, London (tl, tr, bl). 49 Alamy Stock Photo: Falk Kienas (cra); RF Company (tl). 51 Dorling Kindersley: Holts Gems (bl); Natural History Museum, London (cra, tl). 52 Dorling Kindersley: Natural History Museum, London (tc, tr). 53 123RF.com: Derege (br). Dorling Kindersley: Natural History Museum, London (tl, cla, tc, tr, cra). 56 Dorling Kindersley: Natural History Museum, London (bl). 58 Alamy Stock Photo: Roger Bacon (cra); Phil Degginger / Jack Clark Collection (cb). Dorling Kindersley: Natural History Museum, London (br). 59 Dorling Kindersley: Natural History Museum, London (c). 60 iStockphoto.com: Mailmyworkdd (br). Science Photo Library: Albert Copley, Visuals Unlimited (cra). 61 Alamy Stock Photo: Linda Reinink-Smith (bl). 62 Dorling Kindersley: Natural History Museum, London (clb, cr). 62-63 Dorling Kindersley: Exide Batteries Ltd (c). 63 Alamy Stock Photo: Panda Eye (crb); Friedrich Stark (cra); Simon Turner (cr). 64 Alamy Stock Photo: Museum of East Asian Art (bl). Dorling Kindersley: Holts Gems (c). 65 Dorling Kindersley: Natural History Museum, London (c). 66 Alamy Stock Photo: Valery Voennyy (br). 67 Dorling Kindersley: Holts Gems (br); Natural History Museum, London (c). 68 Dorling Kindersley: Holts Gems (c). 68-69 Alamy Stock Photo: Natural History Museum, London (bc). 70-71 Getty Images: Carsten Peter / Speleoresearch & Films. 71 123RF.com: Fotointeractiva (cra). Alamy Stock Photo: Ingo Schulz (crb). 72 123RF.com: Dipressionist (bl). Dorling Kindersley: Holts Gems (cr); Natural History Museum, London (crb, br). 73 Alamy Stock Photo: Henri Koskinen (bl). 74 Dorling Kindersley: Natural History Museum, London (bl). 75 Alamy Stock Photo: World History Archive (cra). 76 Dorling Kindersley: Oxford University Museum of Natural History (br). 78 Science Photo Library: Cordelia Molloy (bl). 79 Dorling Kindersley: The Science Museum, London (crb, cr). 80 Dorling Kindersley: Holts Gems (tc, ca, tr, c, clb, crb); Natural History Museum, London (fcra). 81 Dorling Kindersley: (clb); Holts Gems (cla, cra, crb, bc). 82 Dorling Kindersley: Holts Gems (c, br, bl). 83 Alamy Stock Photo: Tyrone Siu (br). Dorling Kindersley: Holts Gems (cl); Natural History Museum, London (tl, c, cr). 84-85 Alamy Stock Photo: Martin Siepmann (c). 84 Alamy Stock Photo: Perry van Munster (c). 85 123RF.com: Iuliia Grebeniukova (bc). Alamy Stock Photo: Charles Marden Fitch (cr). Dorling Kindersley: Natural History Museum, London (tl). 86 123RF.com: Saastaja (cl). 87 Alamy Stock Photo: WaterFrame_fba (tc). Dorling Kindersley: Holts Gems (c); Natural History Museum, London (tr). 88 Dorling Kindersley: Natural History Museum, London (ca, br, c, cb). 89 Dorling Kindersley: Natural History Museum, London (cb). Getty Images: Hector Mata (tr). 90 Alamy Stock Photo: RF Company (cb/marble); Siim Sepp (cra/hornfels). Dorling Kindersley: Trustees of the National Museums of Scotland (cla/coal); Natural History Museum, London (clb/granite, fbl, br/moonstone, fcrb, fcr). 91 123RF.com: Dipressionist (br/garnet). Alamy Stock Photo: Henri Koskinen (fcr); Natural History Museum, London (cla/agate); Phil Degginger / Jack Clark Collection (ca/topaz); Leon Werdinger (tr/sandstone). Dorling Kindersley: Holts Gems (bc/almandine, cr/bloodstone, cb/jadeite); Natural History Museum, London (crb/amazonite, clb/andradite, tl/travertine, c/tourmaline, cr/uvarovite). iStockphoto.com: VvoeVale (cb/epidote) 92 Dorling Kindersley: Holts Gems (cra). 93 Dorling Kindersley: Natural History Museum, London (bc). 96 Todd Kent, Explorer Multimedia Inc. (Author image) (br)

Cover images: Front: Dorling Kindersley: Natural History Museum, London cra, cr; Back: Dorling Kindersley: Natural History Museum, London tc, bc; Spine: Dorling Kindersley: Natural History Museum, London t; Front Endpapers: Dorling Kindersley: Holts Gems ftl, Natural History Museum, London tl (Granite), tl; Back Endpapers: Alamy Stock Photo: Natural History Museum, London cr; Dorling Kindersley: bc, Holts Gems ftl, cla (ruby), tc (JADEITE GREEN), cra, crb, cla (MOONSTONESMOOTH), Natural History Museum, London tl (Granite), tl, cla, crb (moonstone), clb, cl, ca (calcium carbonate rock), tl (Uvarovite), tc (pencil shaped), cr (Crystalline), cb (gilson opal), cb (Opalescent), bc (Amazonite), bc (Watermelon Tourmaline)

了解更多信息请登录：
www.dkimages.com

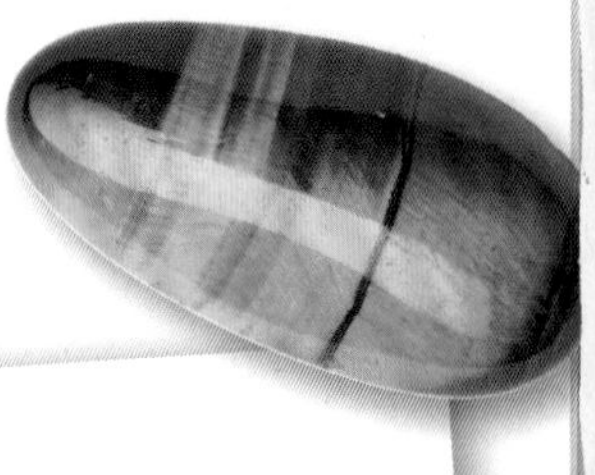

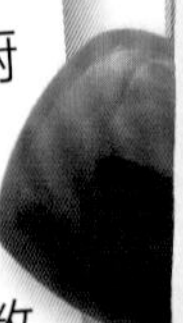

作者简介

德温·丹尼（Devin Dennie）博士，美国地质学家及科普工作者，是著名科教节目《地质厨房》（Geology Kitchen）的策划者及主持人之一，也参与创作不少关于岩石矿物类科教节目。